U0290321

我的菜

刘一帆

刘一帆（Steven Liu） 著

中信出版集团｜北京

目录

推荐序一

我想很多人都思考过类似的问题：如果有机会重新选择，我会投身怎样的行业？

虽然我极为幸运，一生的热爱与工作都是做音乐。但是若是给我第二选择，那肯定是当厨子。

在我看来，做音乐与做菜根本是同一件事。

我的理解是这样的：

从理性上说，食材相当于乐器。谁先谁后？谁多谁少？谁跟谁搭？讲究的都是调和平衡！

从感性上说，写歌作曲或是烧几个菜，都是打动人或是博取异性欢心的有效手段！

可能基于以上原因，我向来对厨子有一份莫名其妙不理智的好感。每每吃到好菜都不禁产生想跟厨子合影或是要签名的冲动。

一帆跟我结缘在一个厨艺评选的节目。初见他时，我不太相信他是个厨子。我第一次见到把自己随时都收拾得干净利索的厨子。

那时的我，一方面是必须经常给孩子做饭的单亲父亲；另一方面也由于工作的缘故必须频繁旅行，遭遇各种奇葩厨子所做匪夷所思的餐食属于高发风险。现在终于让我遇见每天一起工作十几小时的厨子，你说我是不是该跟他建立友谊？

于是我在录像的时候其实并不特别专心。我老是不挑时间地问他那些困惑我很久的事。例如：我期待凌晨三点点的海南鸡饭跟中午的水平一样是个错误吗？房间里摆放的各色迎宾甜点上一个房客没吃，却因为某些原因没有更换的可能性很大吗？菜单上写的新西兰牛肉会不会是河南籍的？为什么酒店里的当地特色菜，通常都没有街上小铺子卖的来得地道？

相信我，以上的问题他都认真作答并且引发了讨论。最令人意外并感到欣慰的是，这些讨论有效地消耗掉录节目时因为撤道具、改灯位、串台词而导致众人傻等的大量时间。节目录完了，我们也成为经常联系约聊的好朋友。 当然，我们见面瞎聊瞎扯也并非全无收获。比方说有一段时间，我因此把注意力转移到"原来有人能把一道料理做得如此难吃"这件事上去。我认真尝了十几家酒店客房送餐的印尼炒饭，然后得到颇有乐趣的总结。

我也曾经提议让一帆去开一档节目，名字都给他起好了，就叫作"剩菜剩饭拯救大作战"。我说谁要是能赋予冰箱里隔夜菜全新的生命和口感，才是真正牛的厨子。我记得自己唾沫横飞地对他说了半天，他就是扶着他尖尖的下巴面带微笑听着。我当时认为我不是启发了他就是戳中了他。此事至今尚无解答！

完全负责任地说，通过这些年来我们见面时对厨艺相关的大量不正经的、恶作剧的、刻薄挑剔的、脑洞大开的聊天，我认为一帆在防备渐松的情况下向我展示了完全不同于电视形象的另外一面。他友善、腼腆、骨子里浪漫，却也足够聪明，是在行业里稳步向前的人。

当然，在建立了足够深厚的友谊之后，我们也对写歌与做菜究竟哪一个对博取异性关爱更为积极有效做了坦诚、深刻的意见交换。

想到这是一帆的心血书，在这儿就不扯别的了。大家看书吧！

推荐序二

浅尝人生

一帆兄来电告知，其平生首部菜谱即将付梓，嘱我为该书写上几句。一通电话，瞬间将思绪拉回七年前录制《顶级厨师》场景。

《顶级厨师》(Master Chef) 为 BBC（英国广播公司）名牌栏目，此节目将美食烹饪与真人秀完美融合，节目一经推出，立刻风靡全球。美食评审 Gordon Ramsay（戈登·拉姆齐）更成为无数老饕膜拜的超级明星。东方卫视购得版权后，着意打造国内首档美食才艺秀，展示平民厨师梦想。本人以资深媒体人及吃客身份加盟节目。酷爱烹饪的"音乐教父"李宗盛，打破从不参与真人秀的魔咒，慨然应允担纲美食评论员。而原版 Master Chef 中 Gordon Ramsay 角色则由时任上海和平饭店行政总厨、来自台湾的刘一帆担任。我和宗盛大哥熟稔，交流毫无挂碍，但一帆略显拘谨，寡言少语，尤其对宗盛大哥更是毕恭毕敬。宗盛大哥不愧是阅人无数之高人，见状立刻建议我们三人同处一室，连吃饭、化妆、休息都在一起，意在消除彼此心理隔阂，让三人形成一个整体。大约磨合了两三天，相互就好像是相识多年的老友，无话不说。从交谈中得知，一帆学生时代亦迷恋艺术，曾尝试投考当地一家艺校。后因家庭问题改弦更张，否则他很有可能成为大小 S 同窗。后来因缘际会，他投身厨艺，到台北亚都（丽致）大饭店工作。因其聪明伶俐、勤奋好学，得到老板严长寿青睐。严长寿鼓励他将眼光投向远方，而不要留恋周围的小世界。于是，一帆果然听从严先生忠告，足迹踏遍欧亚大陆，故而他始终将严长寿先生视作人生导师。

一帆虽然从未涉足电视综艺，但他善于揣摩与观察，很快便进入"角色"，尤其是踏入厨房，仿佛战士冲下战场，其体内荷尔蒙迅速飙升。平日里彬彬有礼，一旦走向灶台，便"凶神恶煞"起来，宛若"恶魔"，弄得选手们一个个噤若寒蝉、小心翼翼。选手们稍有不慎，便会招来一帆的怒吼。节目录制首日，一帆要求选手切洋葱，并且要求切成 0.1 厘米 ×0.1 厘米的小颗粒，以此判定选手刀工水准。绝大多数选手都被洋葱熏到眼泪横流，切破手指者亦不在少数，但一帆似乎毫不在乎，只顾向不合格的选手咆哮不止。一些选手被逼至"绝境"，几近崩溃。于是，宗盛不得不充当"和事佬"，悠悠地来上一句"人生要有两个真，一个是要认真，一个是别当真"，试图给予美食达人些许心灵安慰。

录制结束后，宗盛大哥和我问一帆，何以将 Gordon（戈登）模仿得如此惟妙惟肖。一帆摆摆手说，他曾在 Gordon Ramsay 手下做事，深切感受过这位"地狱厨师"暴君般的工作作风。能够进入有着百年传奇的 Savoy Hotel（萨伏依酒店），成为一名厨师，固然是一种荣耀。然而，没有一颗强大的心脏，没有坚强的意志，显然无法抵御 Gordon 的无情打击。一旦菜品出现问题，他就会被关进 0~7℃的冷库进行反省。起先觉得绝望，但是渐渐地，他居然展开想象的翅膀，从冷库里存放的新鲜食材中找到生命的原动力，眼前顿时会出现各种不同食材的神奇搭配。于是，一道道富于创意的菜肴便应运而生。因此，在节目录制时，一帆常常会"为难"选手，所出题目刁钻至极。譬如让选手凭借一碗猪脑做出法式鹅肝的顶级美味，还有"三色小笼""广东肠粉""九转大肠"等，而一款"拔丝泡芙塔"则令所有选手欲哭无泪，难以招架。在"神秘盒"环节，一帆居然出过一个文字题，即以"念"字设计菜谱，让选手如坠云雾之间，不知如何是好。有时候，宗盛大哥和我劝他不妨放宽标准，免得大家难堪，但一帆总是不为所动，他常挂在嘴边的一句话便是："没有压力，怎能看得出生命的韧性。"所以，一帆根本不是在模仿 Gordon，而是他的行事风格早已打上师傅的深刻烙印。

与我们普通食客不同，一帆对于每一款菜肴，均带着虔敬的态度。每次品尝菜肴，他总是先将其放至鼻子下，深深吸一口气，闻一下，然后拿起小匙或筷子，轻轻地舀起或夹起，左右端详，最后放入嘴中慢慢咀嚼，就像作曲家写交响乐时所用和声、对位等手法，将食物不同层次的味道细细咂摸出来。喝汤时，则用双手捧起汤碗，先啜一小口，再一饮而尽。他陶醉的模样，仿佛灵魂出窍。

一帆对于厨艺的热爱源于擅长做菜的祖母。祖母所做的一碗牛肉面至今让他销魂——点燃其生命的激情，拨动其用烹饪与世界沟通交流的渴望，唤醒其重温童年生活、故乡山山水水的记忆。无独有偶，法国米其林三星主厨 Alain Ducasse（阿兰·杜卡斯）在其著作《吃，是一种公民行为》中，也论及祖母所做的菜肴："儿时，每个周日早上，我要么蜷缩在查洛斯农场蓝色木质小百叶窗后，享受着被这味道包围的时刻，要么慵懒地躺在床上，任由油封鸭、烤鸽子、牛肝菌的味道萦绕着整座房子，将我浸透……"所以，宗盛大哥说："美食的背后是乡恋，是对过去的留恋。"

一帆书中的每一道菜都与他的人生轨迹相关联，读者尽可以按着一帆的引导，尝试制作那些菜肴，并加入自己的生活感受。无论优劣、成败，其实，那都是你与世界、与自我的对话，从中，你不仅可以感受世界的味道，更能浅尝人生，留存一段最美好的回忆。这也正是这本书的价值所在。

自序
慢工才能出细活，美味值得等待

认识我的人，会尊称我"刘老师"，熟悉我的人会喊我 Steven 或"蒂芬"，而在我如鱼得水的厨房里，他们会喊我一声"老大"。我一直认为自己当老师是"误人子弟"的，但厨师工作的性质决定了它需要分享传递。传递什么？传递服务的意义，传递对美食的热爱。自从我懂事以来，老师就特讨厌我，我也特讨厌老师。本人不算是个乖小孩，反之是个怪小孩。我娘常说，如果我生在 1990 年之后，没人会觉得我怪。偏偏我是从 20 世纪 70 年代蹦出来的，这就怪了！你们说我该怪谁呢？"怪"其实是种特色，特色就是独特性。独特不是叛逆，叛逆也不等于是偷抢拐骗或是奸淫掳掠。小时候词不达意，长大了言不由衷，我的茫然是——长大其实一点也不"酷"。

当年那个不爱念书、语文成绩总是拿个位数的我，OMG（我的天呐）……竟然出书了？在我心目中，出书一直是非常"神圣"的事。学生时代，我语文考试永远不及格，也不是师长眼中的"乖乖牌"，同学往左，我就往右，哪知道这份"叛逆"竟然成了日后我进入厨艺世界的武器，让我一走就是 20 多年。我的每一项成就在外人看来都像是不可能的"意外"。其实，我都是靠着坚持和不服输，一步步爬过来的，全无侥幸。

要做，就要做到最好，不辜负自己，也不辜负别人。这是我做事的理念。回想起 26 岁时，我心一横，放下一切，重新归零，决心赴英修业。没想到这一去，把我"追求完美"的强迫症全部逼出来了。我以身为一枚厨子为荣、为傲，在这一行，保持专业与专注，是成功走下去的唯一秘诀。面对酒店专业厨房每天超过 16 小时的体力劳动，永远最高标准的要求，大概是血液里不服输的因子加上自虐倾向作祟，我就是要做到最好，好到让所有质疑我的人全都闭嘴！辛不辛苦？当然！熬不住而逃走的大有人在。一个貌不起眼、全厨房唯一的中国"雏"子，就靠着这股"劲"，在语言尖锐、竞争激烈的外国厨房中生存了下来。新的机会不断出现，我把握、珍惜、学习、感恩，也一步步实现了梦想。没有压力，怎么看得出生命的韧性？坚持，世界就看得到你；机会永远不缺，只看你准备好了没有。回头看，我把自己名字里的"一帆"，硬是活成了"不凡"！

做菜是件快乐的事，是享受的时刻！我从不觉得每天长时间的站立、行走是种折磨，因为，"Cooking is all about passion and love（料理就是激情与爱）"。即使每次忙碌到身体虚脱，淋浴的水充满汗水、体味甚至馊味；即使一餐席端出超过两百客人份的海鲜，切鱼切到手软，饿到发抖、两眼放空，对

于料理，我一路走到今天，依旧乐此不疲。

料理，是表达情感最简单的方式，重要的不是结果，而是过程。为爱而准备的美食，是平凡生活中最质朴的感动。美食，不受年龄限制，它更像一种情感的寄托，是对爱的表达。在平凡的食材中发挥创意、寻求独特性，是我的料理哲学，而我想通过料理或是这本书传递给你的，正是我对人生、对美食的热爱。

经过酒店厨房磨炼、米其林餐厅淬炼，我从厨艺里重建信心。如同电影《美味关系》(Julie & Julia) 中，彷徨在纽约市、困在苦闷生活中的朱莉，通过下厨，认清自己的力量，找到方向。这本书，是我入行至今的一次心血记录。"它"串联起我生命中的酸甜苦辣，是我记录人生点滴的创作，更是我倾尽热情之所在。你会读到我对料理的专情和用心；在每道菜搭配的小故事里，也有我一路走来的汗水、血泪、感动与喜悦。喜欢做菜的读者，可能会发现这本书很"唠叨"。我用了大量文字，反复叮咛要点和秘诀，目的就是希望你既然花钱买了书，就要用双手把菜做出来！这就是我刘一帆的"不凡 Style（风格）"：要干得漂亮，也要活得漂亮！

我要将这本书献给最敬爱的父亲与母亲，Rainbow Lin(林虹惠女士)、严长寿先生、夏惠汶博士、刘俊辉师傅、Chef Anton Edelmann（安东·埃德尔曼总厨 ）、Chef Gordon Ramsay（戈登·拉姆齐主厨 ）、Chef David Hammonds（戴维·哈蒙兹总厨 ），以及很多很多在这条路上持续教训、刁难、支持我的人。如果今天的我，身上有一丁点能被世人称作"成就"的东西，都是因为你们的功劳。我永远感激在心。

我还要特别感谢曹可凡老师、大哥（李宗盛），在百忙之中为本书撰写的推荐序。能与同样热爱生活、享受美食的你们相识，是我毕生的荣幸！

感谢奋斗两百五十多天、The Steven's Concept Ltd.（作者个人公司名 ）的所有幕后同人，和所有为这本书付出心力的伙伴，以及中信出版社的大力支持！这本书属于每一位！

We don't do different things. We make things differently. Cooking is all about passion & love. By Steven, Yi Fan Liu

做同样的事，我们却能创造不凡。料理就是激情与爱。

让这本书住进你的厨房，
成为你的朋友

如何使用本书？

在你迫不及待开始动手做之前，先听老刘我说说这本书跟其他的食谱书有什么不同。

我曾经跟多数厨师一样，先写好菜谱再做菜，但其实这种做法只会沦为纸上谈兵，说得一口好菜的"Paper Chef（纸上厨师）"，做菜完全不对味。就这样迷迷糊糊地到了职业生涯第 10 年，我才豁然开朗：不如先做出料理，再回过头去写下做菜的步骤。料理是活的，字是死的，我们不应该太过刻意地去追求写出呆板的方程式。

等到开始动手写这本食谱时，我把自己熟悉的专业厨房的锅具、分量、做法，转化成一般家庭厨房也能够实践的食谱。每道菜经过多次反复的试验和校正，经过在拍摄食谱现场的实地制作，获得了伙伴们的赞美。但我必须声明：师父领进门，修行在个人。我的精准，不是你的；你的完美，仍要靠你的双手和五感不断练习和精进。

我认为一本好的食谱就像 GPS（全球定位系统），能引导你进入正确的模式，边读边寻找线索。步骤与做法写得再详细实用，但烹制过程中食物的颜色、香气、味道与触感变化等信息，对正在动手做菜的你来说，远比文字更加重要。

看完书后也许你会冒出很多的问号：调味料怎么下？洋葱怎么炒才算金黄焦糖化？烤箱温度多少最合理？说真的，即使我站在你身边，手把手地指导，不同产地和季节的食材，灶具、烤箱、锅具、空间设备……林林总总不同因素加起来，都会导致成品的不同。

但是"不同"不是"做错"！食谱上的文字是死的，而做菜的你是活的。对于书上告诉你的温度、火力与时间长短，你只需把它们当作建议，更重要的是多尝试、多练习。一开始没把握，可以先稍微缩短食谱上要求的时间，完成后检查成品状态，再自行判断是否要再加长时间。当然，当你进厨房的时间越长、经验越多，也和自己的厨房工具、环境越来越有默契，自然而然就能生出自己的一套直觉，做得越来越得心应手。

有些食谱书读起来像小说，有些像散文，至于我的这一本，我诚心希望你把它当作是"朋友"。练习，练习，练习，有它在厨房里领着你、陪着你，做菜真的会是一种乐趣和享受。多翻几次，翻到它破掉烂掉（然后记得再去买一本！），你就能做出自己的独门味道，甚至做得比我更好！

本书的食材与分量，特别用了中英文对照方式来呈现。中国地大物博，许多食材在不同地区有不同的叫法。当你看着中文名称感觉陌生或疑惑时，请对照英文说明，就能恍然大悟。至于分量，除了常见的生硬的"汤匙""茶匙""毫升"，你会看到像是"1 把"这样的量词。如同我一再强调：做菜的时候，"手感"很重要，尽管依靠你的感受和直觉，自信地捡出"一把"好菜吧！

每道菜的最后，都有"不凡一点诀"（Fan's tips）的部分。虽说是"一点"，但我总会不厌其烦一加再加，变成"不凡好几点"！在这里，我尽可能把制作过程中会遭遇的小难关、关键的制作技巧，还有让菜肴更上一层楼的诀窍，只要想得到的，都不藏私地告诉你了。许多诀窍是不同菜式共享的，记得学起来举一反三，好好活用！

好喽，洗洗手，翻开下一页，我们开始吧！

英文量词说明：

TBSP（Table Spoon 的缩写）	汤匙，约为 15 毫升
TSP（Tea Spoon 的缩写）	茶匙，约为 5 毫升
Pkt（Pocket 的缩写）	袋
Bunch	束
Pcs.（Pieces 的缩写）	件，片
Slice	薄片
Sprig	枝

自制上汤

Homemade Premier Chicken Broth
(Family Shared)

一定要认真，千万别当真
——意外的《顶级厨师》之旅

2012 年之前，我的职业栏上只有一个——"厨子"。在酒店里，厨房大小事，活的归我管，死的也归我管。一人之下、"万人之下"的我，一心想的就是把菜做好，把宾客服务周到。作为一名职业经理人，不管来者是不是名人，有多红多火，经年累月高端奢华酒店的训练，已让我对名流、高官、艺人几乎是本能性地"眼盲"。"看到当没看到，听到就忘了，说也没得说"，是三个不能破坏的规矩。说实话，每天看过、服务过的名人不计其数，但那又如何？我的本分是专注、尽力让客人对用餐体验从心底感到满意，而不是今天又认识了多少名人、换了几张名片。每天睁开眼就在厨房和酒店里打转的我，对演艺圈漠不关心。朋友有时聊起一些所谓"大腕"的八卦，我真的一个都不认识，完全神游在状况外。

2012 年初夏，我误打误撞成为 *Master Chef* 中国版——《顶级厨师》三位美食评委中的"专业评委"。另外两位分别是上海主持界一哥——曹可凡老师，以及有"华语流行音乐教父"之称的"大哥"李宗盛。我们三个凑在一起录像，一起生活，一起工作，一起聊生活、美食，度过了漫漫炎热的暑假，也培养出了革命情感。我初次下海抛头露面，两位前辈毫不藏私，分享了许多多年积累的经验，例如：怎么把话说好，怎么掌握语言起承转合和逻辑性，怎么样让流程更顺畅。我必须说"隔行如隔山"，两位前辈带我进入了新领域，给我讲了许多我从未接触过的新知识，也让我的求知欲细胞再度活跃起来。

回想当年，看看今日，一转眼过了7个年头。我们彼此都还有联系，像当时一样互相问候，聊天打屁，说说笑话。我最忘不了的是两位前辈留给我的话语。曹可凡老师说："蒂芬，这节目播出后，你会是最炙手可热的，谦虚低调，认真细心！"大哥则在节目录像的最后一天说："蒂芬老弟，一定要认真，千万别当真！"

人生其实就像一锅煲汤，时间不停在走，人的性子会变，口味也一样会变。疲惫不堪的时候，一碗好汤是足以让人长出耐心来的。好喝的汤永远可以带来满满的元气。当温润的好汤滑入胃中的一刹那，就像柔软的埃及棉被，适时为你送上幸福与温暖，让你重新振作，找回最初的方向。

《顶级厨师》的成功，让"刘一帆"在很短的时间内变成一个许多人知道的名字。许多节目邀约、采访和代言机会也接踵而来。但我心里清楚地知道：我自始至终是一个厨子，不是艺人，也称不上是名人。我认真把握每一个机会，尽心尽力做好每一件事，但我并没有忘记自己在专业上的坚持，在厨艺的道路上继续精进。红与不红、参与了多少节目、有没有人气和热度、微博的粉丝数有多少，都不过是方便让别人用来评价你的指数。它们起起落落，甚至瞬息万变，无法预测和掌握。而我，还是那个尚未走上《顶级厨师》之旅，愿意为了厨艺不惜整死自己的我，以身为一名厨子为荣的我。参与录制电视节目的经历让我意外地学习了很多知识，结交到许多挚友，但我始终没有忘记自己的本分是"做菜"，而不是在摄像机前"演"一个让更多人喜欢的人。名气就像双刃剑，可以使人盲目、忘乎所以，也可以带来影响力，让更多人受益。大哥说的那句"一定要认真，千万别当真"，我铭记在心，终身受用。

喝汤的时候，我喜欢舍弃汤匙，双手捧碗就着碗喝。不烫吗？当然烫！但那种如触电般真实的手感，能让我的五感更贴近它。深吸一口来自热汤深处的灵魂，口鼻间满溢的幸福，是忙碌与烦躁后的宁静，是难能可贵的独处。

新鲜生姜

花菇

白胡椒粉

金华火腿

土鸡

海盐

枸杞

绍兴（花雕）酒

食材

土鸡　1只（600~800克）

猪脸肉　250克

瑶柱　20克

花菇　5朵

竹荪　1把

大红枣　5颗

枸杞　20克

金华火腿　100克

调味料

海盐

白胡椒粉

绍兴（花雕）酒　20毫升

青葱　50克

新鲜生姜　20克

Ingredients

1 Free Range Chicken (600~800g)

Pork Cheek　250g

Conpoy　20g

5 Dried Shiitake Mushrooms

a Handful of Bamboo Fungus

5 Red Dates

Goji Berry　20g

Chinese Jinhua Preserved Ham　100g

Seasoning

Sea Salt

Ground White Pepper

Shaoxing (Huadiao) Wine　20mL

Spring Onion　50g

Fresh Ginger　20g

步骤

1. 全鸡洗净，以剪刀去除多余的油脂与组织后，放入冰箱冷冻区冰镇两个小时。猪脸肉洗净备用。竹荪泡发，花菇、瑶柱、大红枣、枸杞洗净备用。生姜洗净切片备用。火腿切成小块备用。

2. 锅中加水煮开，加入青葱（葱绿部分），生姜2片。接着下火腿、全鸡、猪脸肉，大火滚沸5分钟后取出，立刻浸泡于冷水中洗净杂质。

3. 锅中注入饮用水，将洗净的全鸡、猪脸肉、火腿置于锅中，加入 2 片生姜，加盖，大火煮开 10
   分钟后倒入绍兴（花雕）酒。转小火，开盖熬煮 60 分钟。

4. 加入瑶柱、花菇、大红枣、枸杞，继续熬煮 20 分钟后，加入葱白段及剩余的生姜片。

5. 继续熬煮 10 分钟后，再加入竹荪煮 3 分钟。熄火，以海盐、白胡椒粉调味，完成。

不凡一点诀 Fan's tips

● 猪脸肉（又称腮边肉、嘴边肉）的肉质既有韧性又保持口感，耐久煮，更有浓郁的胶质，能为好汤打底，是我熬上汤的秘密武器。熬汤完毕，肉质转为软嫩，不柴不碎，淋上蒜泥、酱油、香油和辣油，又是一道好菜！

● 熬煮时，一旦发现表面出现浮渣、油脂等杂质，就要用小汤勺立刻捞起，这样才能保持汤头的成色。一锅好汤，值得你从头到尾细心呵护。

● 绍兴（花雕）酒等其他料酒，需在大火开锅后，沿着锅边淋入，以加速酒精挥发，留住独有的酒香。

● 汤绝对不是熬得愈久愈好喝！黄金时间以 1 至 1.5 小时之间最佳，最长不宜超过 2 小时。照着我的食谱细火慢熬，能得到一锅清澈香醇的上汤，且连汤带料整锅都能享用，一点也不浪费。如果始终大火快煮，得到的就是白浊的汤色。

● 切记盐一定要最后才下！过早调味会使肉类的蛋白质紧缩凝固，营养与香气无法释放，破坏汤头。

● 做好的上汤可先与家人好友同享。滤去所有汤料，让余下的汤汁完全凉透，用小袋或制冰盒分装冷冻，可储存 3 个月。做各种中式菜肴或仅是下碗简单的汤面时依需要取用，100% 完胜罐装鸡汤或鲜鸡精。

经典牛肉清汤

Consommé aux Brunoise
(Serve for 10 Pax)

真功夫，入口见真章

懂吃的人如果看到菜单上有这道汤，绝对非点不可，怎么拦都拦不住！因为他们知道：厨师要付出多少工夫，才能得到这一小碗清清如水的汤！反之如果来的是个"自以为懂"的"美食家"，花了大钱却上来一碗毫不起眼的清汤，恐怕要当场翻桌走人。

川菜有道名菜"开水白菜"，厨师花费好几天熬制、吊汤的功力，全都低调地隐藏在一碗安静清澈的汤汁里。舀一口送进嘴中，定会讶异于它的层次与深度。法国是公认的与中国齐名的美食大国，法国人当然也很懂得这套"低调奢华"的"反高潮"！

1930 年之前，牛肉高汤的做法是先将牛骨、母鸡、牛尾、牛肋骨、牛腿肉，冷水下锅慢煮，加入两颗插满丁香粒刺猬造型、焦糖化后的洋葱和红萝卜、白萝卜、大葱、番茄、大蒜，放些粗盐、香料、胡椒等，熬煮 6 小时后静置，再来做澄清化处理（Clarification）。等你做完，不饿死也已经老了至少 30 岁！可以想见，这道汤品的程序有多复杂。但料理本就是一门功夫、一门艺术，没有这最基本的耐性，根本成就不了让人心服口服的一口好汤。

吃进嘴里，骗得了自己，绝对骗不了别人。我认为这是每个厨子都应该谨记在心的铁则。

法语中的 Consommé 指的是浓缩、完整。在厨房术语里，我把它称作高汤界的"Clarification"（净化升华）。只要是高蛋白质的肉类，都可以做成 Consommé（清汤）。在酒店专业厨房里，

西芹

大番茄

鸡蛋

德拉甜酒

牛绞肉

月桂叶

食材
牛绞肉（去肥油，置于冰箱冷藏 2 小时） 500 克
鸡蛋 8 颗
白洋葱 500 克
胡萝卜 200 克
西芹 200 克
大番茄 50 克

调味料
马德拉甜酒 50 毫升
海盐
月桂叶 2 片
新鲜百里香 1 枝
黑胡椒粒 5 克
丁香 5 克
带皮大蒜 1 整颗
饮用水（或牛肉高汤） 4 升

辅助工具
纱布或滤纸

Ingredients
Minced Beef (Fat off) 500g
8 Eggs
White Onion 500g
Carrot 200g
Celery 200g
Beef Tomato 50g

Seasoning
Madeira 50mL
Sea Salt
2 Pcs. Bay Leaves
1 Sprig of Fresh Thyme
Black Peppercorn 5g
Cloves 5g
1 Whole Garlic
Water (or Beef Stock) 4L

Tools
Fine Cotton Cloth or Filter paper

我会用筋多的小腿肉、骨边肉，仔细剔去脂肪后加入蛋白来进行料理。你也许会问：为什么不干脆用菲力（里脊部位）来做 Consommé 呢？当然可以！只要你的口袋够深，不用像行政主厨一样去计算成本、锱铢必较！

在高汤熬煮的过程中，时间、配料的化学反应，会使"伙伴们"释放大量的胶质，所以一碗好喝的清汤除了口感浓郁，喝完后还必须下嘴唇沾着上嘴唇，抿嘴有胶质、擦嘴有棉絮！

法语中的 Brunoise 是指切成小细丁（汤用小丁）的食材。用我一贯麻利风格的标准语就是——0.2 厘米 ×0.2 厘米 ×0.2 厘米的立方体。挑战一下吧！做完 Consommé，剩下的一堆蛋黄怎么办？多翻几遍这本书你就会发现：我都帮你想好了。

步骤

1. 洋葱对半切开，外皮均匀地插上丁香粒。以中火加热平底锅，锅热后将洋葱的切面朝下放入锅中，焦糖化上色。

2. 将胡萝卜、西芹、带皮大蒜洗净切块，放入料理机中打成粗粒，倒于盆中。番茄洗净切丁，与月桂叶、新鲜百里香一同放入盆中。

3. 取一大盆冰水，另取一盆置于其上。鸡蛋取蛋白倒入盆中，黑胡椒粒以刀面拍碎撒入蛋白内，一同拌打至微微起泡。

4. 将步骤 2 混合好的蔬菜、香料与冷藏后的牛绞肉加入打好的蛋白内，搅拌均匀后放入饮用水中，加入焦糖化后的洋葱。开火。

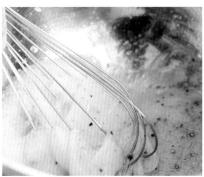

5. 以中小火慢慢煮开，途中以平勺在水中优雅且缓慢地搅拌。当锅中蛋白与食材开始凝结上漂时，转小火，持续搅拌，并舀起汤液反复浇淋于凝结物上。

6. 当锅中 80% 的凝结物都已定型时，停止搅拌，倒入马德拉甜酒，以海盐调味。再熬煮 40~60 分钟后，使用双层纱布或滤纸，缓缓过滤出澄清汤汁。将西芹、胡萝卜、洋葱切成边长 0.2 厘米的正方体，以汤汁汆烫后，舀入碗中。完成。

不凡一点诀　*Fan's tips*

● 牛绞肉
必须事先置于
冰箱两个小时，维持
在冰凉的状态。如果要使用
高汤来做澄清化处理，同样要预先
冰镇好。汤必须从低温开始加热，否则就会
变成蛋花汤，GG（毁了）！

● 这道汤的料理时间长，费时、费力，也费钱，所以请用十足的耐心呵护它！步骤5与6，上漂的
肉末残渣会逐渐凝结成大甜甜圈状，注意千万不能散掉！清汤大功告成之后，"甜甜圈"还能不
能吃？当然可以！但是它经过久炖久煮，精华都释放在汤里了。要不要消灭"功成身退"的肉
渣，自己决定！

● 马德拉
甜酒赋予清汤法国味，但你也可
以让它摇身一变成为中国味。用 20 毫升酱
油加 30 毫升花雕酒来取代马德拉甜酒，这样制成的
清汤就是全家老小都会竖起大拇指称赞的清炖牛肉汤。
● Mirepoix（未经调味的大块状生鲜蔬菜）在法式料理中扮演重要的角色，用于
熬煮酱汁、汤品等。最常见的组合是洋葱、胡萝卜及西芹，比例为 2：1：1。在专业烹调中，
讲究用充分且恰好的时间，让蔬菜散发自身的风味并彼此交融，让香气和甜味更加浓郁。

西班牙冷汤 vs 青豆仁汤

Gazpacho vs Minty Pea Soup

隔夜废料 vs 皇室最爱，两道好冷汤

中国人喝汤只喝热的，还讲究最好能到烫嘴的程度。不管天冷天热，端上来的汤如果是凉的，餐厅领班一定会被责罚。这种习惯让许多外国朋友百思不得其解，像是在欧洲，一年间最热的 7 月和 8 月，室外温度甚至可高达 40~45 度，人都快被晒到蒸发了，根本吃不下也喝不了，还硬要喝热汤，不是跟自己过不去吗？这时候，唯有一碗冰凉润口的冷汤，才能开胃适口、解救众生。

冷汤的种类相当多。靠近地中海的欧洲人喜欢用新鲜番茄、水果甜椒来制作，英国人喜欢用豆子、黄瓜，东欧匈牙利用樱桃、果莓，俄罗斯喜欢用红甜菜，德国人则是用他们最擅长的啤酒来制作冷汤。西班牙的夏天非常炎热，所以西班牙人特别爱喝冷汤，从早喝到晚，而且越凉越好。早餐喝杯瓜果类冷汤，午餐来碗黄瓜、西瓜味冷汤，午后加点酒精当饮料，晚餐再来份红椒加番茄冷汤。我在西班牙学习时，老一辈的西班牙人把 Gazpacho 叫作"废料隔夜汤"，也就是把当天吃不完的蔬果、面包，加些大蒜、橄榄油搅一搅拌一拌，第二天继续当早午餐。更有传说这是航海时代的水手因船上新鲜食材有限，因地制宜而发明出的汤。由此可见，从前的人们多么善于活用得来不易的食材，用自己的智慧和创意，把它们统统吃下肚。

说实在的，在制作西班牙冷汤的过程中，你应该会和我一样，有好几次高度怀疑自己做的到底是汤还是呕吐物，甚至开始怀疑人生。但这也就是做料理的有趣和可贵之处——给它足够的时间去发酵、去沉淀，最终回馈给你的，永远是新奇有趣的结果。

青豆仁汤（Minty Pea Soup）其实原是法国名汤之一，荷兰人跟比利时人也喝，却不知怎的竟变成英国的"国汤"。我常觉得英国是个豆子国家，人人爱吃豆子，也爱看《憨豆先生》（*Mr. Bean*），英国人的个性更像豆子一般，包裹着一层薄膜，让你摸不透；嘴上用着看似正经八百文绉绉的英语问候你，其实暗地里拐了好几个弯在揶揄你。

在伦敦，经常会遇见大雾的日子，这时你总会听到人们说："Today is Pea Soup Fog, let's get some lovely pea soup for lunch（今天雾这么大，午餐就去喝碗上好的青豆仁汤吧）！"用青豆仁汤的浓稠不见碗底来形容大雾，又找了个最好的借口为自己一解口腹之欲，这种妙喻真只有英国佬想得到。

英国人对自己的美食文化非常执着。我在贵族云集的萨伏依酒店（Savoy Hotel）工作时，常常可以听到厨师用非常骄傲的口吻说："噢！这个食谱我们用了一百多年了，这是我们的传统！"这道青豆仁汤也是英国女王伊丽莎白二世与查尔斯王子家庭聚会的必备菜肴之一，不管是来到我们酒店，还是在白金汉宫用餐，只要一通电话（厨房），使命必达。如今你可以照着我的食谱，慢条斯理地做好这道汤，好好享受一下什么叫"皇室的百年荣耀"。

新鲜百里香

红辣椒

法棍

碎番茄罐头

黄瓜

鲜奶油

月桂叶

冷冻小豌豆

西班牙冷汤

12 人份

Gazpacho
(Serve for 12 Pax)

食材

红洋葱　250 克

红甜椒　1 颗

黄甜椒　1 颗

黄瓜　4 根

红辣椒　2 根

香菜　15 克

法棍或全麦面包　50 克

碎番茄罐头　1 罐（500 克）

大番茄　4 颗（200 克）

调味料

海盐

黑胡椒粉

带皮大蒜　1 整颗

新鲜罗勒叶　20 克

新鲜薄荷叶　10 克

红酒醋　200 毫升

蔗糖　50 克

橄榄油

辅助工具

食物料理机或果汁机

Ingredients

Red Onion　250g

1 Red Bell Pepper

1 Yellow Bell Pepper

4 Cucumbers

2 Red Chilies

Coriander　15g

Baguette/Whole Wheat Bread　50g

1 Tin Chopped Tomato (500g)

4 Beef Tomatoes (200g)

Seasoning

Sea Salt

Ground Black Pepper

1 Whole Garlic

Fresh Basil　20g

Fresh Mint　10g

Red Wine Vinegar　200mL

Demerara Sugar　50g

Olive Oil

Tools

Blender or Juicer

步骤

1. 将红洋葱、红甜椒、黄甜椒、黄瓜、红辣椒、番茄洗净后切成大块，置入料理机中打成粗粒状。

2. 准备长方形料理盒，将打好的蔬菜倒入盆中，加入碎番茄罐头、横切的带皮大蒜，揉捏过的罗勒叶、香菜、薄荷叶，倒入红酒醋、蔗糖及撕碎的法棍或全麦面包，倒入橄榄油，调入海盐、黑胡椒粉后，搅拌均匀。密封后放置于冰箱冷藏隔夜。

3. 取出浸泡好的汤底，淋上橄榄油搅拌后，倒入料理机中打成细泥。使用中粗孔漏筛将汤汁过滤
后，试味并调整。完成。

不凡一点诀 *Fan's tips*

● 要做好西班牙冷汤，首先，你的主角番茄一定得选好，没熟透、不新鲜的都不能上场。其次，调味务必到位，酸、甜、辣、咸、鲜一样都不能少。相较于热汤，冷汤在调味上更不能马虎。

● 全麦面包除了能为冷汤带来谷物的香气，另一个重要功能是"发酵"。它会让冷汤的风味随时都在变化，隔一夜、两夜喝，味道都不同，你可以真正体会到什么叫"有生命的汤"。

● 冷汤通常搭配有特殊口感的配料一起享用，例如酥脆面包丁、烤香的坚果、润口的酸奶油、橄榄油等。小角色就能让人很惊艳。

青豆仁汤

Minty Pea Soup
(Serve for 8 Pax)

食材
冷冻小豌豆　500 克
白洋葱　200 克
鲜奶油　25 毫升
鲜奶　50 毫升
自制上汤（见本书第 2 页）　500 毫升

调味料
海盐
黑胡椒粉
大蒜　2 瓣
新鲜百里香　1 枝
新鲜薄荷叶　10 克
橄榄油
有盐黄油

辅助工具
食物料理机或果汁机

Ingredients
Frozen Petits Pois (Peas)　500g
White Onion　200g
Fresh Cream　25mL
Milk　50mL
Homemade Premier Chicken Broth (See Page 2)　500mL

Seasoning
Sea Salt
Ground Black Pepper
2 Cloves of Garlic
1 Sprig of Fresh Thyme
Fresh Mint　10g
Olive Oil
Salted Butter

Tools
Blender or Juicer

 步骤

1. 小豌豆解冻，浸泡于水中并洗去多余的冰霜，沥干水分。薄荷叶洗净，擦干。

2. 白洋葱切细丁，大蒜切末。锅中加入黄油、橄榄油，中火加热，拌炒洋葱丁、大蒜末及百里香。撇除自制上汤表面多余的浮油，倒入锅中，加盖，小火焖煮至食材完全软化入味。

3. 将鲜奶、鲜奶油倒入汤中，加热到再度沸腾时立刻关火，并将锅移开灶台。

4. 准备好一大盆冰水，将盛汤的器皿置于其上。将小豌豆倒入料理机中，加入新鲜薄荷叶与步骤3 的汤汁，立即打至浓汤状。倒入盛汤的器皿中降温冷却，以海盐、黑胡椒粉调味，完成。

不凡一点诀
Fan's tips

● 要保持青豆仁汤的翠绿，必须使用高质量的豌豆。豌豆须快速氽烫后立即以冰水冷却，才能呈现出亮眼的绿色。为求豌豆不被高温破坏颜色与营养，在以料理机拌打时（步骤4），可以依照容器大小分段处理。选用七八个月大的豌豆，甜度的表现最佳。

● 你可能看到过"其他"食谱在这道汤里加入土豆，试图去除豆腥味，并让汤的质地更浓稠。但是我要告诉你：只要选材时多留神，每一个步骤都做得扎实，绝对能够自信体现出青豆仁汤的香、甜、浓滋味。

● 青豆仁汤冷热饮用均可，只要你喜欢，它就会带给你香甜舒心。学会了这一基本的奶油汤底，你就可以试着加入菠菜叶、绿芦笋等，增添另一番风味。更可以自由变化其中的食材，例如放入蘑菇、玉米、大葱等。所谓的料理创意，就是在正确扎实的基本功的基础上，演变出来的。等你的百变好汤！

醬汁

罗勒松子酱

Pesto alla Genovese
(Serve for 10 Pax)

不要再叫我"青酱"!

到华人地区的意大利餐厅，坐下来翻开菜单，你一定会看到"青酱"两个字！但如果你亲自到意大利，向服务生点一份"青酱"，送上来的会是完全不同的东西！意大利料理中的"青酱"（或称"绿酱"）指的是 Salsa Verde，它以欧芹（Parsley）与各式各样的新鲜香草为底，加上酸豆、鳀鱼、大蒜和柠檬汁等，捣碎即可，味道和我们比较熟悉的罗勒松子酱（Pesto alla Genovese）完全不一样！吃美食也要长知识，人云亦云只会贻笑大方！

意式料理最扬名世界的就是红、白、青三种颜色的酱汁，从他们的国旗就能看见这一份自信！红酱胜在酸爽，白酱味道浓郁，而绿色的罗勒松子酱，就是光个脚丫子、在广阔的青草地上蹦跳的绿意小清新。

我在意大利南部的一个小村落生活时，隔壁一位 86 岁的老婆婆教会我罗勒松子酱的做法。老婆婆的强项是手打意面，方圆百里内餐厅供应的面食都出自她的双手，不假他人。别看她一把年纪，做起手打面来那股认真劲儿，至今我仍然印象深刻。

食材
松子仁　40 克
新鲜帕马森芝士粉　50 克

调味料
海盐
黑胡椒粉
新鲜芝麻菜　150 克
新鲜罗勒叶　200 克
大蒜　4 瓣
特级初榨橄榄油　500 毫升

辅助工具
食物料理机或果汁机

Ingredients
Pine Nuts　40g
Fresh Grated Parmigiano Reggiano　50g

Seasoning
Sea Salt
Ground Black Pepper
Fresh Arugula　150g
Fresh Basil　200g
4 Cloves of Garlic
Extra Virgin Olive Oil　500mL

Tools
Blender or Juicer

想要偷师，就得从菜园开始。大热天的午后，手晒松子，采摘芝麻菜、罗勒。大石臼里上上下下又来来回回将罗勒、芝麻菜、大蒜、松子捣磨成膏状，老婆婆一股脑冲入一盆现榨的翠绿色橄榄油，和一堆现削成屑的帕马森芝士。一阵微风飘过来，新鲜浓郁的香气直通脑门，接着就是唾液不断地分泌。说实话，这根本是可遇不可求、近乎神圣的一刻！我吞了吞口水问："好了吗？"老婆婆口中念念有词地又倒了一勺热水进去。我诧异地问："加水？不会坏吗？"原来，旁边早已煮好了"Al Dente"（恰到好处的弹牙）的意面！我迫不及待用现做的 Pesto 拌了面、入口——果然意式烹饪与迷人生活的根基来自田野、来自民间。最传统、最简单、最新鲜，也最美味。放眼全世界，又有哪里不是这样？

由衷想念，并且谢谢您，Grazie, Nonna Gianni 老婆婆。与您同做的 Pesto alla Genovese，是我厨艺生涯与生命中最难忘的一刻，愿您在天堂依旧看顾着热爱生命、厨艺的我们！

步骤

1. 将芝麻菜、罗勒叶、烘烤过的松子仁、大蒜放入料理机中，倒入约一半量的特级初榨橄榄油，快速打碎成泥状。

2. 加入芝士粉、海盐、黑胡椒粉调味，并不断试味直到自己喜欢。装入密封罐中，再淋上剩余的橄榄油，即可置入冰箱中保存。

不凡一点诀
Fan's tips

- 一定要有一台刀片锋利、速度快的料理机，才能保持酱汁翠绿的颜色。罗勒很娇弱，稍有不慎整个酱汁就会变成褐色，前功尽弃。所以如果没有一台像样的工具，就别做了，"下一位"。

- 食材的先后顺序不是那么重要，重要的是准备一小段全麦法棍面包，边做边抹，边吃边调整味道。整体口感要有清香（罗勒）、微辣（大蒜、芝麻菜）、咸鲜（芝士粉、松子）三种味道才是好酱。

- 使用石磨也是一种传统手法，但口感就略微粗犷点儿，只要你喜欢，Why not（为什么不呢）？

- 如果你对坚果过敏，怎么办呢？那就不加坚果呗。如果你不爱芝麻菜那种刺激辣味，怎么办呢？那就别用芝麻菜，全用罗勒吧。反正吃的人是你不是我！

- 如果想一次大量制作储存起来，就不加芝士粉，直接把罗勒松子酱倒进密封罐中，放置于冰箱冷藏。吃的时候取出一定的量，再加芝士粉。如果想长时间保存，可以在罗勒松子酱表面淋上两厘米左右厚的特级橄榄油，再放置于冰箱冷冻室中。食用前先取出解冻，再加入芝士粉。

腰果乳香汁

Makhani Gravy
(Serve for 10 Pax)

死缠烂打求来的好酱！

Murgh Makhani/Butter Chicken（奶油咖喱鸡），应该是印度最具世界知名度的经典菜之一，有名指数堪比中国菜中的咕咾肉。在印度，这道菜肴是由两道菜组合而成的，一道是 Tandoori Chicken（印度式烤鸡），另一道是搭配一盅用腰果乳香汁熬煮的扁豆酱，就着现烤的热腾腾的 Naan Bread（印度烤饼）蘸着吃。同时，Makhani Gravy（腰果乳香汁）也是很多菜肴的基本酱汁。

我在印度泰姬酒店集团（Taj Hotels Resorts & Palaces）工作期间，酒店里有一名老师傅，是印度传统菜肴行业的翘楚，也是酱汁的厨艺大师（根本是魔术师！）。他这个人的脾气像皮鞋底一般硬，又自带一股少林寺方丈般的"一代宗师"气场。印度人看到他，都要恭恭敬敬尊称他一声"教父"。当时我曾拜托老师傅教我，但他……鸟都不鸟我！我想，可能因为他不会说英文，或者对他来说，我是外国人，凭什么来偷师？

我这个人，最厉害的一招就是"死缠烂打"。老师傅虽年纪大，但总是亲力亲为、认真对待自己的手艺，每天早上 6 点就进厨房开始制作酱汁。我每天提早 10 分钟在厨房等他。他看到我，依旧像看到空气般当我不存在。然后，他干他的，我在旁边屁颠屁颠地替他打打杂。很多印度人笑我，说我：都干到厨师长了，还低声下气去求别人。但这就是我，我愿意为我的未来付出，不会的就用尽办法去学。现在你们尽管笑没关系，就看谁能笑到最后！

就这样持续了一个多月，我跟在他旁边不断地洗锅（印度铜锅）、切配料、整理厨具等。有一天，老师傅终于肯正眼看我了，他从嘴中蹦出蹩脚的英文说："You, tomorrow, don't do!（你，明天不要做了！）"我当时愣了一下，问："为什么？"老师傅叽里咕噜说了半天我也听不明白，后来通过厨房小工的翻译，才知道老师傅是说："明天你不要再做一样的工作了，我会教你所有你想学的！"

真是精诚所至金石为开，皇天不负苦心人！这种喜悦，只有经历过挫折再爬起来的人才能体会，所以我才会常说："坚持，世界就看得到你！"

印度老师傅手把手地教我，我竟意外成了他唯一的"老外"弟子。为了感念他的技艺和苦心教导，我把这道酱汁融入我的创意菜中。

腰果乳香汁几乎无敌百搭，"脾气"好到超乎想象。你可以拿鱼肉、鸡肉，甚至龙虾和它同煮，用它蘸牛排、肋排等烧烤肉类也没有问题。质地细腻柔滑，香气浓郁饱满且层次丰富，吃进嘴里就像不断绽放的快乐的烟火。早餐简单煎一块葱抓饼，蘸着酱汁吃，你会完全忘记什么叫"适可而止"。

腰果乳香汁是我为 Makhani Gravy 取的中文名字，而它的 Soulmate（灵魂伴侣）则是印度式烤鸡。我会用红椒粉、茴香粉、大蒜粉、番茄膏、蛋黄酱（酸奶亦可）把鸡块预先腌好，做酱汁的同时烤鸡，让所有人闻香而来。拍摄现场的抢食实况，简直像野生动物般"野蛮"，而我，就是 Zookeeper（动物园管理员），主演了一场"真人喂食秀"。

白洋葱

番茄膏

生腰果（无调味）

整粒番茄罐头

绿辣椒

食材

白洋葱 1 颗（200 克）
绿辣椒 25 克
红辣椒 25 克
生腰果（无调味） 100 克
香菜 20 克
整粒番茄罐头 1 罐（500 克）
鲜奶油 100 毫升

调味料

海盐 20 克
白胡椒粉 10 克
生姜泥 2 汤匙
大蒜泥 1 汤匙
肉桂棒 1 根（5 克）
丁香 5 克
黑胡椒粒 5 克
白胡椒粒 5 克
绿豆蔻 5 克
八角 1 颗
月桂叶 2 片
蜂蜜 80 毫升
葵花油
有盐黄油
番茄膏 4 汤匙

辅助工具

食物料理机
细网筛或纱布

Ingredients

1 White Onion (200g)
Green Chilies 25g
Red Chilies 25g
Dried Raw Cashew Nuts 100g
Coriander 20g
1 Tin of Whole Tomato (500g)
Fresh Cream 100mL

Seasoning

Sea Salt 20g
Ground White Pepper 10g
Ginger Paste 2 TBSP
Garlic Paste 1 TBSP
1 Cinnamon Stick (5g)
Cloves 5g
Black Peppercorn 5g
White Peppercorn 5g
Green Cardamom 5g
1 Star Anise
2 Bay Leaves
Honey 80mL
Sunflower Oil
Salted Butter
Tomato Paste 4 TBSP

Tools

Blender
Sieve or Fine Cotton Cloth

 步骤

1. 腰果洗净，浸泡 1 小时后置入锅中，加水熬煮至完全软烂。放入食物料理机中打成绵密浓稠状。

2. 洋葱切丁，红、绿辣椒切碎，番茄切块，备用。

3. 取一只略深的炒锅，加入适量葵花油与有盐黄油，中火温热。将生姜泥、大蒜泥入锅炒香，加入红、绿辣椒碎及香料（黑胡椒粒、白胡椒粒、丁香、肉桂棒、绿豆蔻、八角、月桂叶），小火煸炒约5分钟，至香味蹿出。

4. 待香气转为浓郁，加入番茄丁、整粒番茄罐头、番茄膏与适量的水（或高汤），小火熬煮约30分钟，至番茄完全煮烂。

5. 挑出汤料内的肉桂棒、月桂叶、八角，倒入食物料理机，并加入香菜打制成汁，用细网筛或纱布过滤。

6. 滤出的酱汁倒回锅中加热，倒入步骤1的腰果泥，拌搅使之呈浓稠芡汁状。

7. 以蜂蜜、海盐、白胡椒粉调味，加入鲜奶油搅拌均匀。完成。

不凡一点诀
Fan's tips

- 打好的腰果泥（步骤1）颜色洁白、质地
  绵密，无颗粒。可以用小汤匙舀一点确认
  状态。

- 坚果打成泥做出勾芡效果，是一道很重要的
  技巧（在中餐中，我们运用的是
  土豆淀粉、藕粉、玉米淀粉
  不能太大（步骤6），耐心用小火慢慢收汁。

- 好味道必须等待。这款酱汁
  会变得更柔和。

番茄罗勒酱

Tomato, Basil Chutney
(Serve for 10 Pax)

箱底烂货"熬"出升天滋味

为什么用 Chutney（酸甜酱）这个印度词汇，而不是 Sauce（蘸汁）
或 Dip（蘸酱）呢？

2003 年后的那 5 年，我的工作、生活重心都在伦敦，我很习惯开着
电视做别的事，习惯那种有多重声音的环境。BBC 是我最常看的频
道之一，一来关心一下国际大事，免得脱节；二来学习英国人的那种
阴冷式"英语"。某日午后，BBC 频道一闪而过"金砖四国"的字
样，印度就是其中之一。既神秘又富历史底蕴的国度，我当下就默默
期许自己：一定得去瞧瞧！后来"果真"机会来了，我受到负有盛名
的泰姬酒店集团邀请，来到了南印度的花园、国际 IT（信息技术）产
业大城——班加罗尔。在那里，我第一次独当一面，主理全印度第一
家摩登法国菜（Modern French Concept）餐厅——"The GRAZE by
Steven LIU"。从此开启了一连串我对印度菜的全新体验。

不打不相识，所有的认识都是从误会开始的！原先我以为印度菜 = 咖
喱（Curry）——所有咖啡色的、糊糊的、像呕吐物的"东西"都一
律叫作咖喱，谁知一竿子打翻一船人（所以千万别在印度人面前这样
说，会被瞪，甚至被打）。在尝过用各种香料、新鲜蔬菜和水果研磨

黑胡椒

新鲜百里香

新鲜带枝罗勒叶

食材
红（黄）樱桃番茄　500 克
白洋葱　120 克
饮用水（或鸡高汤）

调味料
海盐　2 克
黑胡椒粉　2 克
蔗糖　8 克
红酒醋　20 毫升
新鲜带枝罗勒叶　1 把
新鲜百里香　5 克
大蒜　4 瓣
新鲜生姜　2 片
橄榄油　2 汤匙

Ingredients
Red/Yellow Cherry Tomato　500g
White Onion　120g
Chicken Stock/Water

Seasoning
Sea Salt　2g
Ground Black Pepper　2g
Demerara Sugar　8g
Red Wine Vinegar　20mL
a Handful of Fresh Basil
Fresh Thyme　5g
4 Cloves of Garlic
2 Slices of Fresh Ginger
Olive Oil　2 TBSP

或捣碎后的 Chutney，才知道印度料理的丰富鲜活和博大精深，也印证了那句 Slogan（金句）："Incredible of India（不可思议的印度）！"其实，人的认知往往是由于无知造成的，就用这道酱汁致敬我在印度刻苦的岁月吧！

有规模、高质量的酒店、饭店所使用的番茄，一定都是当日新鲜采摘、市场直送、成箱成箱进货的。对于箱底那些长得不体面、碰撞受了伤，或熟到快烂掉、飘出浓烈气味的番茄，就会听到当班的值日厨师长说："用来做成酱吧！"

（在传统的厨房中，每天都有轮值的 Chef Tournant（值日厨师长）。如同学校的值日生或军中的值日官，他们负责监督和协助管理厨房每日的运营，也被培训作为未来厨房的领导人才。）

不是值日厨师长居心不良，而是这种状态的番茄最多汁、果香最浓，酸甜表现也最出色，最适合用来制作这款酱。你可以用它来搭配金枪鱼、熏三文鱼或其他海鲜料理，或作为牛排、汉堡的伴碟配菜，酸爽开胃。

夏天懒得下厨是人之常情，去买根像样的法棍面包撕着蘸酱吃，醒脑又舒畅。如果恰好朋友来访，把吃不完的法棍切片、烤脆，摊上一些番茄罗勒酱（交情好的可以开一瓶冰透的白葡萄酒），搭配上好的芝士或就着熏肉片——OMG，还有什么小点比这品尝起来更舒心吗？

步骤

1. 红（黄）樱桃番茄洗净、去蒂，拦腰切对半。罗勒洗净，摘取叶片并擦干。罗勒梗留下备用。

2. 白洋葱切成碎末，大蒜去皮切片，新鲜生姜切片。

3. 锅中倒入 2 汤匙橄榄油，中火热油后，下姜片、蒜片、洋葱末、番茄，待香味蹿出，转小火。

4. 加入罗勒梗、百里香、蔗糖、红酒醋与适量的鸡高汤（或饮用水），小火熬煮 20 分钟，至番茄软烂。

5. 当锅中番茄呈酒红色且汁液略微收干时，捞起罗勒梗，熄火。以海盐、黑胡椒粉调味，直到满意为止。

6. 随性撕碎罗勒叶，拌入酱汁中。完成。

不凡一点诀
Fan's tips

- 选用熟透甚至过熟的番茄，果香和风味都无可取代。
- 番茄拦腰对半切开，成品规则美观，籽和汁液能完全流出，风味也会更完美。
- 人生就是要有戏，说话就是得有梗！加入罗勒梗熬煮，香气倍加浓郁。
- 调味时记得不断试味，确认酸、甜与咸的平衡。怎样的味道才最Perfect（完美）？舌头与味觉会告诉你答案。
- 完成后先别急着吃！（虽然你会告诉我：很好吃！）冷却后在冰箱冷藏室冰镇一晚，第二天的风味会赞到"无法无天"！

姜辣洋梨酒醋

Spicy Pear Vinaigrette
(Serve for 12 Pax)

Punch Kick Off！回味无穷的酸香重击

制作酱汁看起来很简单，却曾经是我的噩梦。

2002 年，我很幸运得到在伦敦 Savoy 酒店工作的机会，更幸运的是能在 Gordon Ramsay 负责的 The Grill Room（扒房）餐厅效力。表面上看来风光无限，但内心其实有许多的不安：要怎么做才能在米其林星级餐厅里获得认可，甚至得到提拔？我没有答案。

每位厨子入职后，会先接受酒店的"新生训练"，内容是一贯的洗脑——说我们怎么好怎么棒，有多辉煌的历史和传统，等等。前两周当厨务工，是"09-17，2 Days Off"，也就是所谓的"朝九晚五、周休二日"。这段时间，你几乎不太会被批评、被骂。每个厨师长、总厨，甚至 Gordon，都像天使般可爱，用餐时间到了就会赶你去吃饭，还不断地问"累不累，渴不渴"。你一度以为自己来到了快乐天堂，从此吃香喝辣。

两个星期的蜜月期一过，你的名字会立马出现在排班表上，还被标上"ON"（责任制当班）的大字。在哪里"ON"？"ON"什么？如果你屁颠屁颠地去问当班厨师长，得到的答案会是："滚回去！去做你该做的事！"这时候你才恍然顿悟：好日子已经走远，眼前面对的是无止无尽的压力与劳动！

蔗糖

杜松子

白酒醋

水梨

特级橄榄油

黑胡椒粒

食材

水梨　250 克
清水　250 毫升

调味料

海盐
黑胡椒粉
月桂叶　2 片
丁香　5 克
杜松子　1 茶匙
黑胡椒粒　5 克
肉桂棒　1 根（5 克）
红辣椒　1 根
新鲜生姜　2 片
白酒醋　200 毫升
蔗糖　120 克
特级橄榄油

其他食材（沙拉用）

煮熟的鸡胸肉，任何你喜欢的蔬菜——莴苣、番茄、胡
萝卜等，芝士、坚果

Ingredients

Pear　250g
Water　250mL

Seasoning

Sea Salt
Ground Black Pepper
2 Bay Leaves
Cloves　5g
Juniper Berries　1 TSP
Black Peppercorn　5g
1 Cinnamon Stick (5g)
1 Red Chili
2 Slices of Fresh Ginger
White Wine Vinegar　200mL
Demerara Sugar　120g
Extra Virgin Olive Oil

Other Ingredients (for salad)

Boiled chicken breast, any vegetables you like (lettuce, tomato, carrot etc.), cheese and nuts

一开始我得负责全餐厅的酱汁：油醋汁、蛋黄酱、荷兰汁。每天，我上班后两小时内，就必须"生"出来。听上去很简单对吗？但酒店每天每种酱汁的用量是 10 升。是的，也就是每天 30 升的酱汁，在开始上班的两小时内得做出来。人在被逼急的时候会出现两种反应：一种，很努力、快速地制作出完美的产品；另一种，很努力、快速地想出投机取巧的方法，然后——GG！当时我选择了后者，投机取巧地做出来了，但所有酱汁都不合格，统统被退回来！直到现在，我还能想起当时被骂到狗血喷头、自尊心被狠狠踩在地上的感觉。当然，歹路真的不可行。从那之后我知道：成功没有快捷方式，要在这里存活下来，靠的只有实力！

这道姜辣洋梨酒醋，是我后来为了纪念这段时光发明的沙拉酱汁，也成为我的招牌菜之一。水梨、香料的运用手法源自亚洲，我用微辣的芝麻菜来衬托酱汁中的辣味，再用世界三大蓝纹芝士之一——香气浓郁、美味无比的 Stilton Blue Cheese（斯蒂尔顿蓝纹芝士），与酱汁里的酸和丰富的香气不断产生交融与撞击，撒上一些烤过的加糖核桃。吃过的人都很惊讶：每一口在嘴里都会爆发出令人意想不到的味道！

步骤

1. 水梨去皮、去核，切片并修整成形。

2. 取一深锅，锅中加入月桂叶、丁香、杜松子、黑胡椒粒、肉桂棒、红辣椒、生姜、饮用水、白酒醋及蔗糖，开火煮至沸腾。

3. 转中小火，将水梨放入酱汁中，熬煮至水梨五分熟（表皮略软）后关火。待自然降温后，放入冰箱冷藏室冰镇。

4. 取出水梨，将汤汁置于灶上，小火熬煮收汁 30 分钟后，降温。

5. 在室温下取出 50 毫升的酱汁，滤去所有香料。倒入特级初榨橄榄油搅拌成油水乳化状（一边搅拌一边淋入橄榄油，观察乳化情况以调整油量）。以海盐、黑胡椒粉调味，完成姜辣洋梨酒醋酱汁。

6. 将已浸渍入味的水梨切成一口大小的块状。盘内铺放你所喜爱的沙拉材料（番茄、坚果、芝士、鸡胸肉等），随性摆上水梨块，淋上姜辣洋梨酒醋酱汁。完成。

不凡一点诀
Fan's tips

- 水梨选用本地产或进口货皆可。因为需要熬煮，选择质地略生硬的，成品口感较好。
- 用酱汁浸泡过的水梨，香气层次丰富且非常酸爽，很适合搭配较油腻的食物（如鸭肝）一同食用。
- 酱汁可以每次取用少量进行熬煮，剩下的继续浸泡水梨。3 天内食用风味最美妙，超过 7 天，味道更老涩、呛辣。喜欢这种风味的，空口当零食吃也无妨。

白松露花菜泥

10 人份

White Truffle, Cauliflower Purée
(Serve for 10 Pax)

基本功，有灵魂

我常常遇到一些天马行空的"雏"子，入行才两三年就出道、出师，还硬是嘴硬地自称："我是'创意型'厨师！"但创意做不好只能创"异"，把基本做好，则会发光。

在传统法式厨房中，酱汁是每一道菜的灵魂，也是根本，正如中国菜系中的调味汁、味型配方。不好好练基本功，马步扎得歪门邪道，做出来的菜就是一场灾难。

白松露是珍稀食材，白花菜则日常可见，两者转角遇见爱，撞出了火花。这一完美的结合，简单也不简单！白松露花菜泥是法国菜的经典酱汁，每一个刚入门的法餐厨师都必须学会。它口感柔密丝滑，清新中带有松露独特的香气，一年四季都宜食用，尤其是春夏季。简单煎过的鸡肉和鱼等海鲜料理，蕈菇、白芦笋等蔬食，和它都很合拍。白花菜这样便宜易买的食材，加上白松露油，让你在家就能做得出来。

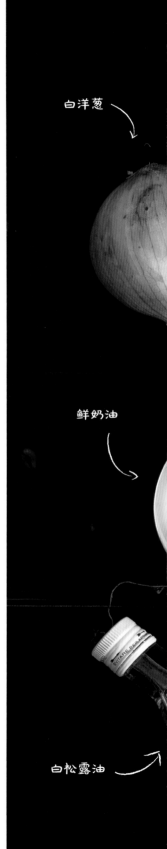

白洋葱

鲜奶油

白松露油

白花菜

大蒜

黄油

海盐

黑胡椒

食材	Ingredients
白花菜 500 克	Cauliflower 500g
白洋葱 1 颗（200 克）	1 White Onion (200g)
鲜奶油 500 毫升	Fresh Cream 500mL
饮用水或鸡高汤	Water (or Chicken Stock)

调味料	Seasoning
海盐 2 克	Sea Salt 2g
黑胡椒粉 2 克	Ground Black Pepper 2g
白松露油 20 毫升	White Truffle Oil 20mL
大蒜 4 瓣	4 Cloves of Garlic
新鲜百里香 5 克	Fresh Thyme 5g
月桂叶 1 片	1 Bay Leaf
有盐黄油 2 汤匙	Salted Butter 2 TBSP
橄榄油 2 汤匙	Olive Oil 2 TBSP

辅助工具	Tools
食物料理机或果汁机	Blender or Juicer

步骤

1. 白花菜洗净，取花球部位，随意切成丁、块或片。洋葱、大蒜去皮，切成碎末。

2. 锅中放入黄油、橄榄油混合均匀，开火加热。洋葱、大蒜入锅，以中火炒香。

3. 放入新鲜百里香、月桂叶，拌炒至香味蹿出，放入白花菜一同炒匀。

4. 加入鸡高汤（或饮用水），大火滚开后转中小火，煮至白花菜软烂。

5. 倒入鲜奶油，煮开后熄火。静置约 3 分钟使温度降至 60~70℃，挑出月桂叶。

6. 将锅中物倒入食物料理机（或果汁机），打成泥烂状后以海盐、黑胡椒粉调味。确认搅拌均匀
   且浓淡适口，淋入白松露油。关闭机器，完成。

不凡一点诀
Fan's tips

- 只取花球部位，是因为菜心（粗茎）的质地硬、水分少，搅碎后会大大影响应有的柔滑口感。有舍才有得，"舍"下的菜心可清炒、凉拌，又"得"一道好菜。

- 成品必须呈现乳白色，所以火不能大，心要静。洋葱炒到透明就可以，不宜久炒。

- 想让酱的质地更浓稠、绵密，烹煮花菜至中途时（步骤4）可开锅，使水汽散去一些。

- 这道酱的关键词是"清新"，食材本身也不耐久储，两天内吃完，风味最好。

蟹黄咖喱咸鸭蛋酱

Crab Roe, Yellow Curry and Salty Eggs
(Serve for 10 Pax)

连小贝都为它点赞的"奇葩"

"Fusion is not Confusion!"（融合不是胡乱搞！）

所谓的融合菜、创新菜，最怕把融合当作主要目的甚至噱头，强迫食材去融合。不顾章法乱弄一通，客人吃在嘴里不是滋味，还留下满心困惑。最终你失去了客人，也失去了初心。世界上每一种菜系都自有它深远的历史与文化渊源，厨子要做的是谦虚地去研究和理解，融会贯通，以及在扎实的基础上运用创意，将这些菜系演绎出自己独特的风格。

我常说："厨艺厨艺，既要有下厨的功力，也要有美学的技艺。"好比画家永远对自己调色盘中的颜料了如指掌——什么色和什么色会调出完美的颜色，下笔时自然挥洒自如。又如同音乐家在谱曲时，吉他什么时候进，锣鼓点什么时候下，升调、降调……有时候玩心一来，恶搞一段特别的调子颠覆自己也娱乐听众。在从容得意的笑容背后，是对专业度永无止境的打磨。

新鲜螃蟹

青柠

食材

新鲜螃蟹　2 只
带壳鲜虾　250 克
香菜　10 克
咸鸭蛋（熟）　2 颗
鸡蛋　2 颗
法棍面包　1 根
鸡高汤或饮用水

调味料

新鲜罗勒叶　10 克
泰国小米辣椒　2 根
青葱　10 克
新鲜生姜　2 片
大蒜　4 瓣
月桂叶　1 片
花生油　1 汤匙
有盐黄油
香油
鱼露　3 汤匙
椰浆　50 毫升
青柠汁　2 汤匙
米酒　50 毫升
棕榈糖　15 克
白胡椒粉　2 克
黑胡椒粉　2 克
海盐　2 克
五香粉　1/2 汤匙
黄咖喱粉　150 克
玉米淀粉　15 克

Ingredients

2 Fresh Crabs
Fresh Shrimp　250g
Coriander　10g
2 Salted Duck Eggs, Cooked
2 Fresh Eggs
1 Baguette
Water (or Chicken Stock)

Seasoning

Fresh Basil　10g
2 Thai Chilies
Spring Onion　10g
2 Slices of Fresh Ginger
4 Cloves of Garlic
1 Bay Leaf
Peanut Oil　1 TBSP
Salted Butter
Sesame Oil
Fish Sauce　3 TBSP
Coconut Milk　50mL
Lime Juice　2 TBSP
Rice Wine　50mL
Palm Sugar　15g
Ground White Pepper　2g
Ground Black Pepper　2g
Sea Salt　2g
Five Spices Powder　1/2 TBSP
Yellow Curry Powder 150g
Corn Starch　15g

磨炼得够纯熟，同时不停地多看多听多问多学多练……直到融会贯通，这时候"玩"出来的创意，才能激起人们心底真正的感动。

泰国菜是我近期最爱的菜系之一。它善用各色新鲜辛香料、咖喱与辣椒，给人最鲜明直接的感官刺激；鱼露、青柠和棕榈糖的黄金组合，椰浆、椰奶的提味，令人百吃不腻。我以泰国最普遍的咖喱酱为基础，选择螃蟹、鲜虾和能够带来浓浓海味的蟹黄作为主角，掺入具有强烈中国特色的咸鸭蛋，在各种鲜味的激荡与交融中，留下记忆亮点。在泰国生活旅行时，我发现了这一"天作之合"，把它创作了出来。我问我的泰国朋友："它是不是泰国菜？ Aroi Mai（好不好吃）？"他们激动地说："Aroi Mak（非常好吃）！"头一歪，他们再想了想："是泰国菜没错，但和平常吃到的'很不一样'！"

2014 年年初，在上海，我大胆地把它的处女秀献给了大卫·贝克汉姆（David Beckham）。当时贝克汉姆和与会来宾品尝的是它的第一个版本——绿咖喱，搭配的是沪式红烧肉和可乐饼。在为期一周忙碌的厨务中，我唯一能记得的就是贝克汉姆冲着厨房大声说："Hey dude, you know what, this really made my day. Brilliant（嘿，兄弟，这道菜真的太令我开心了，精彩）！"

身边的厨师们都很兴奋地对我说："老大，他喜欢耶！你做到了！"而我却没有任何的骄傲感。作为厨子，我们的使命不就是烹制出一道道令人感动的佳肴吗？不管你是谁，从哪里来！也许事隔多年，贝克汉姆不一定记得当年谁为他做的饭，但我相信尝遍世界美食的他，一定会记得这道"奇葩"的融合菜。

这次书中收录的是小贝点赞菜品的升级版——黄咖喱。"有事没空"烧一锅肉不打紧，买一根刚出炉的脆皮法棍面包蘸着吃，一样可以体会什么叫"有今生没来世"。

 步骤

1. 螃蟹洗净、剁开，取出蟹黄，鲜虾冲洗干净。大蒜、新鲜生姜切细末，青葱切成葱花。罗勒叶、香菜、泰国小米辣椒切碎，咸鸭蛋切丁。罗勒梗、香菜梗留下备用。

2. 锅中加入花生油，热油爆香蒜、姜、青葱、辣椒末后，加入月桂叶。

3. 下黄咖喱粉、白胡椒粉、五香粉，小火炒香。

4. 下鲜虾、螃蟹拌炒，待香味飘出后，加入罗勒梗、香菜梗一同拌炒 5 分钟。加入鸡高汤或饮用水，小火熬煮 30 分钟。

5. 蟹黄中加入米酒、白胡椒粉、姜末及蒜末，撒入玉米淀粉轻轻拌匀。鸡蛋打散后，倒入蟹黄，混合备用。

6. 将步骤 4 熬煮好的汤汁过滤至干净的锅中，保持小火微滚。

7. 高汤中加入辣椒末、咸鸭蛋丁，淋入步骤 5 的蟹黄酱轻轻搅动。至呈现浓稠状时，立即关火。

8. 加入海盐、黑胡椒粉、棕榈糖、鱼露及椰浆，悉心调味。

9. 再次开火，快速加热至滚烫后熄火。撒葱花、罗勒叶、香菜碎，淋上青柠汁、香油。完成。

不凡一点诀
Fan's tips

● 如果有心理障碍，螃蟹可请鱼贩代为处理。

● 步骤 3 的辛香料粉，可预先混合好再下锅。

● 步骤 5 的玉米淀粉务必完全搅散，否则结块的玉米淀粉加热
　后会成为不明的黏涕状物。很恶心，请谨慎！

基礎篇

16 岁以前，说实话，我对做饭一点兴趣也没有。我甚至有点看不起厨师——全身油腻腻脏兮兮，抽烟、喝酒、赌博，还满口脏话。让我去厨房工作，想都别想！

那个年纪我一心想的就是要帅、要酷，光鲜亮丽。存了钱就买名牌、买十几万（台币）的吉他，两只耳朵穿了五个耳洞——你想得到多浮夸，我就有多浮夸！

中学毕业的暑假前，一位现已过世的大哥哥送了我一把他用过的吉他。他说："人总得有点兴趣爱好，学音乐的孩子不会坏到哪去。"那年暑假，我哪都没去，就在家里把玩吉他，盯着乐谱，一格一格地练着吉他基本

我的起点，
是一连串的"意外"

16 岁以前，
说实话，
我对做饭一点兴趣也没有。

功——四大和弦。闲来无事就拿起吉他自弹自唱，流行歌手的代表作，我全都滚瓜烂熟。沉浸在音乐里，我很快乐。但我真的有兴趣吗？好像也没那么有，只是脑子里总是浮现出当时最红的歌手的身影，Eagles（老鹰乐队）、Bon Jovi（邦乔维）、Prince（王子，普林斯·罗杰·尼尔森）、李宗盛、周华健、黄舒骏……他们在台上嘶吼狂放、温柔抒情。他们只用一把吉他，就能变幻出那么多炫丽的技法——那个"帅"啊！我甚至一度想报考当时艺人的培育殿堂——华冈艺校。除了帅之外，我慢慢也体会到音乐可以使人放松心情，可又自问：往音乐领域发展，可以当饭吃？

自从上中学以后，我的成绩就不好，说实话，是很烂！我讨厌循规蹈矩的那一套，习惯"逆向思考"——跟老师对着干。这种与生俱来的"反骨"个性，让我怀疑过自己是不是外星人，甚至在当时还被爹娘送去医院做智力检查！家人对我大概也是没辙，一度鼓励我：中学毕业就去念军校吧！结果我考上了，却背着学校放大假去打工赚钱。如果你是我爹娘，我想你也只能摇摇头，叹声："唉……"

我父亲对我一向采取"放山鸡"式教育，他很开明，只要不碰赌和毒，我想做什么都可以。身为船长的他跑过很多国家，当时他告诉我："未来10年是餐饮业的天下，观光产业也将会蓬勃发展，厨师可以成为一生的职业。""随便啊，都可以。"我也没多想，就进了开平餐饮学校，成为第一届的试验生、"小白鼠"。

刚开始，我感兴趣的是外场。因为外场服务生穿着体面，干干净净的，很帅，我喜欢。浑浑噩噩念了一年，我还是那个吊儿郎当不听话的"坏"学生。记得有一次跟老师起了严重冲突，我破口而出："你不要在这里继续误人子弟了好不好！"把老师气个半死。不正因为我讲的是事实，所以你才生气的吗？这世上爱听甜言蜜语的人多，能听实话的人少，这些道理我老早就知道，但我就是没办法当一个虚假听话的人。什么都是假的，只有骗子是真的！

成绩好不容易低空飞过，我上了二年级。学校选了一些所谓"品学兼优"的学生，组队去加拿大参加"世界青年厨艺竞赛"。我不爱念书，所以学科成绩很烂，但只要是跟专业技术有关的"术科"，我绝对具备"压倒众生"的优势。看到名单里没有我，我就去跟老师吵。老师吵不过我，让我去找校长吵。我在全年级的导师办公室里大声说："难道只有会考试、成

绩好的优等生才会做菜吗？"最后，我为自己争取到了比赛的机会。没想到，这竟然也成了我人生重要的转折点。

没有比较，就不知道自己程度有多烂！没见过世面，到死也不知道自己只是只井底之蛙！在比赛现场，各国派出的代表队都是万里挑一又经过严格培训的年轻厨师（17~25 岁），一字排开，光是气势和身上的小宇宙能量就先赢你三分。明明跟我年龄相近，人家穿上厨师服、顶着厨师帽，做起菜来架势十足，还能侃侃而谈做菜理念。我趁空档跑去跟他们装熟聊天（当时我英文只吐得出磕磕巴巴的单字，只能跟亚洲的日本、韩国、新加坡、马来西亚队勉强搭上话），才知道原来在其他国家，餐饮是那么受到重视的行业，甚至国家长期砸大钱来栽培人才和推广。回头看自己的作品——天啊，都是人家两三年前就做过的，OUT（落伍）得不能再 OUT！自己还厉害个屁啊！

我几乎是夹着尾巴"逃"回台北，一股不服气涌上心头——我有激不得的个性，我要做厨师，要做强过你们的厨师！等着瞧！

我放弃外场服务，改入内场将"西餐"作为主修科目。但是问题来了：所有参考书、菜谱都是英文，我连语文都只考 9 分，这堆书根本就是"天书"，怎么办？

没怎么办，一个字：学！

只要老师上课提到的书，我就去外文食谱书店买回来，刚开始是"土法炼钢"，一个字一个字慢慢查。后来发现这样太慢了，干脆把字典带在身边，从第一页单词开始背。只要碰到跟食材相关的单词，就要求自己绝对要背到滚瓜烂熟。老师在上语文课，我就在台下念我的英文。

既然要做，就要做到最好！要当第一流的厨师，不能只会看英文书，还要说得出口。我这个人没什么长处，就是"敢"！去餐厅、去酒吧找不认识的老外攀谈，时间一久，"像不像，三分样"。我心里知道：这一关，我突破了！

毕业前夕，班上安排了一个很像"我的未来不是梦"的环节，让每位同学上台分享自己想象的未来。轮到我，我眼睛闭了闭，张嘴说："我将会是班上第一个出国工作的人！"三秒内，全班同学和导师全笑得东倒西歪不成人形。那一幕，至今历历在目。但老天爷就是这样爱开玩笑，当年最不被看好的人，把不可能一一变成了可能。

求学时期的那一年半中，我进入亚都（丽致）大饭店实习。当年亚都的"巴黎厅1930"，是台北法国菜的标杆，来的客人都是高端名流。所有的训练自然也是最高标准的。我从最"菜"的外场服务生C（A可以上菜，B可以端菜，C只能跑菜）干起，取面包、切面包、把面包放进盘子里、擦餐具、擦餐巾、擦水晶杯、吸地毯、拖地板、摆放餐具……每天重复做着最低级的事。洗厕所、打扫客房、滚宴会用的大圆桌，也都是我的"分内事"。但我就是这么运气差，第一次端水给客人，就把整桶冰水连杯带水洒在对方身上。还有一次打扫地板，不小心误碰了消防警铃，导致整栋酒店的住客紧急疏散，还有客人穿条内裤就狂奔下楼。当天来了二十多辆消防车，马路也被封起警戒线。这么"轰动"的乌龙事件，恐怕十年也难得一见吧！

在亚都的那段日子很充实也很精彩，都要感激当时的总裁严长寿先生对我的特别栽培。从服务生转到厨房工作，我第一次亲身感受到了厨艺专业世界的严苛。领菜、分菜、洗冰箱，到后来刘俊辉师傅的一席话打醒了我，我才亦步亦趋，开始探索厨艺的奥秘。

当时厨房里有位法国总厨奥利维尔·查莱尔（Olivier Chaleil，现迪拜棕榈岛索菲特酒店总厨），身怀绝技，甚至拥有"酱汁魔术师"的美誉。但他非常自傲，甚至到了目中无"华"人的程度。即便我当时的作品已经得到师傅的肯定，但只要是我的菜，法国佬尝都不尝，直接当着我的面倒掉。我不服输的个性再次被点燃！瞧不起我是不是？我就做到让你无话可说！直到有次他完全分不出哪盘是他做的、哪盘是我做的，他这才完全服气，也从此对我刮目相看，让我成为唯一一个能跟师傅们在灶台上一起负责晚餐的实习生。

前面说过，我的梦想是出国工作。但梦想说出口很容易，真要实现却不容易。结束实习生涯，我进入了厨师界，我曾是炙手可热的年轻厨子。当年流行的美式餐饮麦当劳、星期五美式餐厅（TGI Friday's），现在所谓的网红商品，都有我的足迹。我年轻、骄傲、自信、多金，却忘了初心！那几年的岁月，我过得浑浑噩噩。直到严先生的一席话，把我打回了正轨，我才认真地开始找海外工作。严先生当年对我说："30岁之前的你，想做什么就去做；30岁后，就好好定下心来，朝一个目标去发展！"一次机会，地中海度假村（Club Med）向我招手，我入职了，却不是去当厨师。然而我心里知道：出国工作是我唯一的目标，只要是出国，叫我去捡狗大便也可以！不当厨师，还有很多工作可以做啊！于是拐了个弯，我摇身一变，成了巴厘岛度假村的潜水教练。

我想我的好体力，就是那一年半的"浪里来、海里去"给练出来的。我的英语沟通能力也在那里得到了锻炼。地中海度假村是一个很有趣的环境，作为它的"友善的组织者"（我们称为 G.O），随时都要准备好开口跟来自世界各地的客人打招呼、寒暄、聊天；载歌载舞、说学逗唱也得样样都行。在这之前，我应该是别人眼里标准的"话题终结者"，一句话不超过五个字，跟人讲话也没办法超过三句，脸上永远四个大字——"生人勿近"！但经过地中海的洗礼，我学会主动开口、带气氛；学会如何想在客人的前面，做好服务；如何倾听客人的需要，有效率地沟通，甚至化解危机。但当时就连同事都不看好我！因为我是度假村聘用的第一个台湾地区"水上运动教练"，大家甚至在背后开赌盘，打赌我能待多久。只有一个人看好我，就是当年地中海度假村台湾区的总经理陈斐琳（Fanny Chen）。她对亚太总部说："这个年轻人身上有气魄！"当然，我再一次大跌大家的眼镜，靠的就是稳扎稳打的实力和不服输的韧性。

地中海度假村的经验，开启了我的国际视野，也满足了我到海外工作的梦想。它也给我带来了一个新机会——涉足电影产业。我被派拉蒙环球影城延揽为储备干部，被派遣到台中市进行展店训练。同样的剧情，同样的安排，我又从擦地板、洗爆米花机、洗饮料机、做甜品、盘点等基层工作干起，第四个月就升任运营经理。有次电影放映到一半不慎中断，几位看似道上兄弟的观众怒气冲冲，冲到柜台大吼大叫："叫你们经理出来，否则有你们好看！"我第一时间先安抚住他们的情绪，紧接着应变处理。后来，他们平息了怒火，甚至跟我称兄道弟，觉得我"会做人、够义气"。

我在服务业学到的不仅是口号式的"以客为尊"，更有化危机为转机、重新获得信任、赢取顾客真心的经验。当时，影城总部破格提出希望我能转到好莱坞发展。条件虽然很诱人，但我婉拒了。因为我就是想试试看：一个人的潜力能够延展到多广、多宽，而且，我也想念在厨房水深火热的日子。人就是这么不满足，放着好日子不过，偏偏往死里走。

收到多年好友夏基恩（Achim V. Hake）——西华饭店（The Sherwood Taipei）老总的邀请，我又重新回到最熟悉的环境。在那两年里，虽然仍有许多的机会向我招手，但不知道是时间不对，还是机会不好，我都淡淡地用"随缘"两字回绝了。

2002—2003 年，非典型肺炎（SARS）疫情重创了全球观光餐饮产业，却也为我带来了一个命定的机遇，让我接下来的 20 年发生了翻天覆地的变化……

法式鸭肝卷，
红酒洋葱果胶酱

Foie Gras Au Torchon, Onion Marmalade
(Serve for 10 Pax)

代代相传的摇滚精神

Foie Gras（鸭肝或鹅肝）应该是除了 Bonjour（日安）之外，大家最熟悉的法文单词了。它的字面意思就是脂肪肝，又称"肥肝"。

说起法餐，"鹅肝"肯定是不能不谈的珍味。但至今仍有很多人误以为 Foie Gras 就是"鹅"肝。但其实呢，鸭肝早已以压倒性优势占领市场，除非标示它是鹅肝，否则你在餐厅、市场买到的，几乎都是鸭肝。我认为，在鹅肝和鸭肝两者之间，口感的差别并不是特别明显。只有所谓的资深饕客、美食家，有这样先入为主的观念，认为鹅肝才是正宗的，才要非"鹅"不可。

过去由于"Force Feeding（填鸭式喂食法）"，引发了许多动物保护团体对食用鹅肝和鸭肝的不满与抵制。但爱吃的人，怎么抵挡得了它丝滑细致的口感和香气浓郁的味道呢？如今大部分厂家已开始以人道饲养来培育肥肝，所以不用担心罪恶缠身，放心吃吧！

冷藏鸭肝（整块）

白兰地

海盐

白胡椒粉

黑胡椒粉

食材	Ingredients
冷藏鸭肝（整块） 800~1 000 克	Chilled Foie Gras, 800~1 000g for One Lobe

调味料	Seasoning
白兰地　2 茶匙	Brandy　2 TSP
海盐　1 茶匙	Sea Salt　1 TSP
白胡椒粉　1/4 茶匙	Ground White Pepper　1/4 TSP
黑胡椒粉　1/4 茶匙	Ground Black Pepper　1/4 TSP
丁香粉　1 克	Ground Cloves　1g
肉桂粉　1/8 茶匙	Ground Cinnamon　1/8 TSP
肉豆蔻粉　1/8 茶匙	Ground Nutmeg　1/8 TSP
蔗糖　1/8 茶匙	Demerara Sugar　1/8 TSP

红酒洋葱果胶酱	Onion Marmalade
白洋葱　1 公斤	White Onion　1kg
有盐黄油　50 克	Salted Butter　50g
红酒　300 毫升	Red Wine　300mL
波特酒　300 毫升	Port Wine　300mL
红酒醋　75 毫升	Red Wine Vinegar　75mL
细 / 白砂糖　180 克	Fine Granulated Sugar　180g

辅助工具	Tools
纱布	Fine Cotton Cloth
棉线	Cotton Rope

Terrine 指的是在长方形陶瓷模型中压制成型，Torchon 则是 Terrine 的好姐妹，意指"餐巾布"，制作方法与 Terrine 近似，唯一不同的是形状与技巧。在过去古老的岁月里，法国人家家户户都有一条所谓的"家传鸭肝布"，一代接一代地传下去，代表传统能代代相传、技艺得以长长久久。过去没有冰箱，鸭肝卷只能在冬天做，做好了吊在洞穴里储存，一整年都有珍味可享！到法国乡下，鸭肝卷必然是家家户户待客的基本款，能把它做得出色的女孩，也就被认为"可以嫁啦"。

我在 The Dorchester London（伦敦多切斯特酒店）任职期间，作为厨房里唯一的中国人，我很幸运地参与到一场餐厅革命之中，也认识了另一位良师益友——Ollie Couillaud（奥利·库利劳德）。身为米其林星级厨师，他双手文着大花臂、留个爱因斯坦头；在欧洲创建了多家传奇餐厅，却又选择在餐厅最鼎盛时打包走人，另寻有趣之处。他的座右铭是："Life is full of Rock N Roll（生活即摇滚）"。成长在南法普罗旺斯，家族三代都经营着自己的城堡式酒店，当中必然设有传统的 Bistro Gastronomy（法国小酒馆）。其中最负盛名的菜式，就是他们家祖传的"Foie Gras Terrine（法式鸭肝冻派）"！

当时的 The Grill Room 餐厅为了升级，必须进行摧毁再重建的计划，还得在三个月内完成所有的人员筛选、培训、模拟等工作，整个厨房大暴动，有如真人秀《Britain's Got Talent（英国达人秀）》般地选秀。很幸运，我成了 Ollie 的"受虐厨"——成为团队中的训练员。除了架构厨房、配置厨子外，我还得花大把时间和精力，跟在他身边学习一道道他从不外传的经典作品，包括 Foie Gras Terrine。他手把手一步步教我，鸭肝那么贵，他却完全信任我，直接让我真身上场，没让我用其他替代食材练习。

回想当时，Ollie 一天到晚把我往死里骂，骂到同事都觉得：这哥们有病吧？种族歧视？甚至私下为我抱不平："You want me to call HR（你需要我打电话给人力资源部吗）？"但我永远都说："No, I can take it（没问题，我可以的）！"大概是我有自残犯贱的倾向，或者不服输的个性，觉得天下没有过不去的坎！

有天收工，我洗完澡呆坐在休息室里放空（一天 16~18 小时这样干，不空才怪！），冷不防 Ollie 走过来，拍拍我的肩膀说："Don't take in personal. I believe you can go further than me（别把它当私人恩怨往心里去，我相信有一天你会走得比我更远）！"我瞬间愣住。类似这样的场景和话语，在我生命中反复出现，是不凡还是宿命？就留给时间来印证吧。

直到今天，我的许多创作中仍保留着 Ollie 的那句"Life is full of Rock N Roll"的精神。那是一种信仰。即使是 Foie Gras Terrine 这样代代相传的菜式，我也有办法在扎实的传统里玩出新创意！人生很短，机会很多；一辈子把一件事情说清楚，讲明白，做到好，就够了！这10 年来我经常念叨着"传承技艺"，心里想着的总是那位亦师亦友的顽童伙伴——Ollie。

 步骤

1. 将调味料碾碎、过筛，混合均匀后备用。

2. 从冰箱取出鸭肝，连同包装于室温下静置 1 小时。去除包装袋，小心翼翼地顺向去除鸭肝内的动脉、血管。

3. 平铺 3 层保鲜膜，将处理好的鸭肝置于其上，将混合香料均匀撒在鸭肝内部，并洒上白兰地。利用保鲜膜的黏合性，慢慢地顺向滚成结实的圆柱状。塑形，以棉线扎紧头尾，放入冰箱冷藏存放至少 8 小时。

4. 取出冷藏鸭肝，置于室温下 15~20 分钟。去除保鲜膜，放置于双层纱布上，用纱布再次包滚成结实的圆柱体。以棉线扎紧圆柱体头尾，放回冰箱再冷藏 8 小时。

5. 准备一锅热水（水温 60~80℃），锅中加入一汤匙海盐，将纱布包裹的鸭肝滑入热水中，完全浸泡 90 秒后取出，立刻放入冰水中冰镇。完全冷却后，取出并擦干多余的水分，吊挂于冰箱中冷藏过夜。

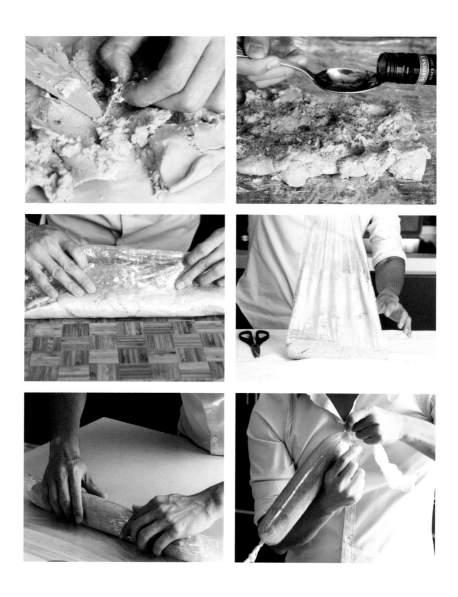

6. 制作红酒洋葱果胶酱：

    （1）将果胶混合液材料充分混合均匀，备用。

    （2）洋葱切细丝，锅中加入黄油，加热溶解，中火将洋葱略微炒香后，加盖，小火焖煮使洋葱
          完全软化。

    （3）倒入果胶混合液，充分搅拌融合，小火滚开后慢炖至收汁（锅盖可打开），成胶着状态。
          冷却后即完成。

7. 食用时小心拆除纱布，将鸭肝卷切为约2厘米的厚片（刀片先浸热水，避免粘刀），撒上海盐、
    黑胡椒粉。搭配红酒果胶酱、现烤法棍面包同食。完美！

不凡一点诀
Fan's tips

● 鸭肝动脉、血管上的碎块，利用筛网过滤后同样可以使用。

● 新鲜鸭肝依口感、质量、体积，分为 A、B、C 三种等级。A 级适合做派、卷、酱，B 级用来
  煎、烘、烤，C 级则是罐头与平价鸭肝酱的命。鸭肝酱本身又有等级之分，当中的猫腻——
  过之后，自有分晓。

● 这是一道"花钱"的菜，有很多"其他"的配方会告诉你怎么"偷鸡摸狗"地省下费用——一
  分价钱一分货，好的口感绝对和对的食材、方法有关系！

经典法式洋葱汤

5人份

French Onion Soup
(Serve for 5 Pax)

法棍面包

我的第一记"当头棒喝"

"切洋葱"这件事好像与我形影不离。你可能听过我在英国修业时每天被命令切 100 公斤洋葱，还曾经因为自作聪明用机器切被厨师长骂得狗血喷头的故事；也可能在电视上看过我和选手因为洋葱的厚度严肃较真的画面。但说实在的，厨子受的专业训练就是这样，切洋葱只不过是小菜一碟，熬过这关，后面还有好多关在等你。"每个成功的厨师背后，都有数以吨计的洋葱"，辛苦吗？我觉得一点也不。世界上没有一个行当是不需要下苦功就能熬出头的，斗志怎么能被区区的洋葱打败？

回到 1992 年，我是台北亚都（丽致）大饭店厨房里的一位菜鸟实习生。厨房的"阶级"是这样的：行政总厨是大将军，然后是副总厨、厨师长、副厨师长、主管、副主管，一级、二级、三级厨师，练习生、实习生。所以没错，我就是当中最小咖中的小小小……咖！

厨房工作很像军队，一个口令一个动作，不容任何置疑。老师傅带着小徒弟，开餐叫"打仗"，空班叫"补给"。每个级别各司其职，每道菜都是由各个环节组合起来完成的，特别像工厂流水线。身为最"末端"的实习生，我的工作就是：早上——领菜、洗菜、分菜、切菜；

有盐黄油

干甜雪利酒

黑胡椒

橄榄油

格鲁耶芝士

瑞士艾蒙塔芝士

帕马森芝士

食材

白洋葱　1 公斤
牛肉高汤　1 升
瑞士艾蒙塔芝士　50 克
格鲁耶尔芝士　50 克
帕马森芝士　25 克
法棍面包　1 根

调味料

月桂叶　1 片
新鲜百里香　1 枝
大蒜　2 瓣
有盐黄油
橄榄油
海盐
黑胡椒粉
干甜雪利酒　20 毫升

Ingredients

White Onion　1kg
Beef Stock　1L
Swiss Emmental Cheese　50g
Gruyère Cheese　50g
Parmigiano Reggiano　25g
1 Baguette

Seasoning

1 Bay Leaf
1 Sprig of Fresh Thyme
2 Cloves of Garlic
Salted Butter
Olive Oil
Sea Salt
Ground Black Pepper
Dry Sherry　20mL

下午——领货、分货、存货，洗冰箱、整理冰箱。无聊吗？当然。那一两年里的我，其实浑浑噩噩，每天打诨摸鱼，无脑也无聊地干着这些事。直到某天下午，我在职场中遭遇第一记棒喝——刘俊辉师傅把我叫了过去。

我到现在都还记得当下的场景。他先是轻描淡写地问："Steven，你打算混到什么时候？"接着劈头一句："如果你再混下去，这辈子也就只能这样了！"我习惯性地翻了翻白眼。没等我脑子转过来，刘师傅直接下了命令："从明天开始，我让你做什么，你就做什么！因为有一天，你会比我有成就，爬得比我还高！"

当时我整个人呆住了，完全不懂他在说什么，只感觉到一阵不知道从哪里吹来的凉风，直抵心底。我打了个哆嗦，心头一醒。从第二天起，我就乖乖地跟在刘师傅身后，一步步地照做。不服输的个性，让我坚持完成使命，毫无怨言。也就在这一步一步跟着刘师傅学习的过程中，我像是被开启了某个开关，手里做着重复工作的同时，看到也学到了更多的厨房知识。

有一次，刘师傅要我从 100 多只没有标签的桶中找出龙虾酱汁。套句时下流行语："一秒变傻 X。"我当下简直蒙了，眼前五颜六色的上百只桶，怎么可能找得出来啊？刘师傅不留情面直接开骂："你是猪吗？不知道尝味道吗？"我赶紧抄起一支小匙，逐一试味、寻找。然后错了、被臭骂、重来、再被骂、再重来。就在这反反复复的"折磨"中，我的舌头尝到并且记住了超乎当时的我——一名最低阶的实习生所能接触和认识的酱汁味道。

我开始探索、学习酱汁里的秘密，用空余时间不断尝试、练习。不到半年，我站上了灶台，担任 Saucier [1]，负责一道道菜肴中的灵魂部分——调制酱汁，供应给餐厅、酒店内的客人。实习生有能力站上灶台，是非常罕见的例子。当时的我只感到意气风发、无比荣耀，后来回望才明白：刘师傅的一席话，还有他亲身示范与严厉的磨炼，原来暗藏着一份"教练（coach）"的栽培苦心。

有时候坚持不一定会成功，但放弃注定会失败。日复一日的看似无聊的重复劳动，如果你只是去"习惯"而不懂得磨炼和要求自己，让它成为精准的反射动作，久而久之就会习惯成自然，自然变惰性，热情变废铁。

直到现在，只要有时间我还会去看望刘师傅。没有他当年的当头棒喝，我就不会是现在的我。一日为师，终身为父，他造就了我的不凡：固执、执着与不忘。

 步骤

1. 洋葱切丝，大蒜切末。

2. 锅中加入黄油、橄榄油混合加热。加入洋葱丝略翻炒后，加黑胡椒粉、百里香、月桂叶、大蒜末，中火翻炒。

---

[1] 在专业厨房中负责调制酱汁的厨师，一般皆为资深厨师。

3. 炒至焦糖化程度后，倒入高汤小火熬煮至香味散出。当汤汁转为浓稠时，加入干甜雪利酒、海盐调味。

4. 将洋葱汤盛入容器中。法棍面包切厚片，撒上混合芝士、黑胡椒粉，置于汤上，焗烤至芝士呈金黄色，即成。

不凡一点诀
Fan's tips

- 怕切洋葱的人很多，但只要你切久了、习惯了、身体适应了，就不会涕泪直流。记住：切之前不要拿去冷藏，冷藏过的洋葱虽然不刺激泪腺，却也无法让糖分尽情释放，造成反效果。也不要用食物料理机之类的机器来切。老老实实用手切个1公斤，不会花你多少时间。相信我，做好后品尝第一口，你就会感激我。

- 洋葱丝切得越薄，炒制时越容易上色和焦糖化，过程中需要随时细心观察、悉心照料。洋葱辛辣的个性会伴随着煸射效应，转换成甜滋滋的美味。水分慢慢收干的同时，糖分也跟着释放。翻炒的时候若锅底出现略微巴锅的情况，不要紧张，这是正常现象。只要耐住性子继续翻炒下去即可。

- 坊间有些店家为了求快，不肯花耐心和力气慢慢翻炒，而是用大量的油去"炸"洋葱，然而这样做根本带不出洋葱的香气与糖分，投了机却取不到巧。想酝酿出令人折服的美味，只能按部就班，从来没有快捷方式。

- 牛肉高汤可以使用经典牛肉清汤（见本书第10页），或用一般的牛肉高汤罐头替代。法棍面包切片前（步骤4），我会把大蒜对半切开，把蒜汁涂抹在整根法棍上，放进烤箱烤一遍再切。如此，在洋葱汤完成时，会多出一股"隐藏版"的香气，令人胃口大开！

炉烤香料羊排

2 人份

Herb Crusted Rack of Lamb
(Serve for 2 Pax)

法式
芥末酱

面包粉

新鲜
百里香

遇见你们是生命中的"确幸"!

听说写书的人有"出卖"朋友的特权,这回,就让我行使一次"特权"吧!

M 小姐,我的发小兼创业伙伴,是个不用工作的命好的娇娇女。走路走不动,要打车;吃饭一定要吃好,而且嘴刁,难搞定。从小,M 小姐一看到我,就是一副"怪物来了,赶快飘走"的表情,"有事没空"都别联络。但从 2012 年她被我拉入坑开始,两人相互扶持,试探着、摸索着、学习着,在数不尽的笑、骂与崩溃中,一步一步走到现在。回想起来,不容易,但很值得。

Jimmy(吉米),我的 BFF(永远的好朋友),一家广告代理公司的执行董事。年轻的时候学的是音乐,毕业于 NYU(纽约大学),周末喜欢练巴西柔术,打打 PS 游戏,最重要的一点就是他"爱做饭,也爱吃"。他做的菜不但不难吃,甚至超越许多专业级的厨子。

时间倒转回 2012 年。我在酒店业干了 20 多年,吃好喝好福利好。在那样的位置上,我总说自己是"酒店高级公务员",但我却毅然放下一切,离开了舒适圈,从零开始。我的中年危机也就此开始。但换

欧芹

法式羊排

小干葱

食材	Ingredients
法式羊排　1 副（600~700 克）	1 French-Cut Rack of Lamb (600~700g)
面包粉　100 克	Breadcrumb　100g

调味料	Seasoning
海盐	Sea Salt
黑胡椒粉	Ground Black Pepper
法式芥末酱　2 茶匙	Dijon Mustard　2 TSP
新鲜百里香　1 枝	1 Sprig of Fresh Thyme
新鲜迷迭香　1 枝	1 Sprig of Fresh Rosemary
小干葱　20 克	Shallot　20g
大蒜　2 瓣	2 Cloves of Garlic
青葱　30 克	Spring Onion　30g
欧芹　10 克	Parsley　10g
花椒粉　1/4 茶匙	Ground Sichuan Chili Pepper　1/4 TSP
橄榄油	Olive Oil
有盐黄油　2 汤匙	Salted Butter　2 TBSP

个角度来说，人生的出场顺序真的很重要，太年轻的时候得志，除了金钱、利益外，你一无所有。如果换个时刻，也许会有不一样的惊喜。有时不是不够好，而是时间不够巧。时间快得有点可怕，一转眼我来到大陆都已经有 10 个年头了。这 10 年除了工作，好像还是工作。其实，我是一个孤僻的人，不善于交际、聊天、打屁。不工作的时候，我就宅在家，做自己想做的事，甚至学我的狗儿子马拉奇一样窝在床底下"冥想"，逃避外面的世界，很像重度忧郁症 + 自闭症患者。当时面对自己准备进入演艺界的不稳定，以及未来发展的不确定，我对外虽然仍一如既往地正面积极，但对内却负面消极——两难！

M 小姐来大陆的时间比我早。她在北京念书的时候，就结交了很多酒肉朋友，Jimmy 就是其中一位。Jimmy 当时也在北京任职，所以大家自然而然成为"吃友"。过了没几年，大家都来到上海，一样忙碌地工作，同样苟且地生活着。有几次聚会，M 小姐都说："别躲在你的狗窝，出来玩玩，见见人。"我都断然拒绝。在我熟悉的安全区，我觉得舒服；出了门要说人话，应付着陌生的、不喜欢的人，好尴尬！

一日午后，我依旧宅在家发呆，电话那头 M 小姐说："来吧，介绍个朋友给你认识！"好说歹说，终于说动了我，让我出门了。但说真的，我心里一点都不想去！到了 Jimmy 家，一阵虚情假意地问好。Jimmy 异常热情兴奋地问了我很多关于料理的知识，还讲了很多他自己下厨的心得，而我的回复就像将死之人的心电图——爱跳不跳，爱理不理。晚餐时间到，Jimmy 准备下厨招待大家。我心想：在厨房应该就不用说话了，非常之好。却没想到，接下来我在厨房里的分工与互动，却让我俩很快找到了共通的频段，惺惺相惜，就此成为挚友。

当晚的主角就是羊排。羊排就像人一样，外表看上去差不多，但个性很强，内心戏很多。不同的烹调方式，能让它独特的味道自然而然地展现出来，除了耐心，还需要有一份心叫作"了解"。我跟 Jimmy 的遇见是巧合，也是命中注定吧。两个不同世界的人在厨房里说着共同的语言，沧海一声笑，厨房四手掏。共鸣，是世上可遇而不可求的缘分。

你我身边的"羊肉控"很多，若能做好羊排这道菜，上桌时肯定被光速消灭。与牛肉不同，七分熟是羊排最美妙的状态，五分熟还可以，再生就是"虚情假意"，没意思喽。

 步骤

1. 羊排去除多余油脂，撒上海盐、黑胡椒粉调味备用。青葱切成葱花，欧芹切碎，大蒜拍碎备用。

2. 取一只锅，小火烘炒面包粉至微黄色，干燥有酥脆感为止。用不锈钢平盘盛起面包粉，加入青葱花、欧芹碎、花椒粉、海盐、黑胡椒粉，拌匀。

3. 在平底锅中加入适量橄榄油，大火加热至 150℃。羊排背面朝下，入锅煎至金黄色后，翻转各部位煎至上色。

4. 调整火力至中火，加入拍碎的大蒜、小干葱、百里香、迷迭香，晃动至香气蹿出。

5. 转中小火，加入两大汤匙黄油，融化后反复浇淋于整副羊排上。

6. 烤箱预热至 170℃，送入羊排，烘烤 10~12 分钟后取出。

7. 羊排静置"休息"10 分钟后，抹上法式芥末酱，均匀撒上面包粉，再送回烤箱，以 190 ℃高温炙烤 5 分钟。分切之后摆盘，上桌。

不凡一点诀
Fan's tips

- 煎羊排必须掌握的重点有二：其一，将融入了各种辛香料的黄油用汤匙反复浇淋于羊排上，使之上色添香。这种手法俗称 Base，看上去很有专业厨师的架势，也确实能达到极佳的效果；其二，第一次送入烤箱的羊排出炉后，至少需要"休息"10 分钟，让肉汁有时间慢慢重回组织的怀抱，不会因刀切而流失。之后调高温度炙烤，真正使羊排达到"外酥里嫩"的完美效果。

- 迷迭香与羊肉是经典搭配，食谱里自然不能没有它。但在与面包粉同拌的香料里，你可以发挥创意，让这道菜多些让人一吃难忘的调味料。我在这里用了花椒粉。其他例如日本的七味粉、山椒粉，甚至很"接地气"的孜然粉等，你都不妨试试看，从而烤制出专属于自己的味道。

元气意大利肉酱面

Genki Spaghetti Bolognese
(Serve for 4 Pax)

"闺 Miss"的冰箱常备菜

现在美食外卖很方便，三餐都可以像皇帝翻牌子，手机点一点，八大菜系、各国料理自动送上门。"饭来张口"如今已不是骂人懒惰的形容词，而是活生生的现实。

忙忙忙、"忙茫盲"，"忙碌"成就了各种服务软件，也让我们有了借口远离食物真正的温度和感情。吃了这顿饭，就忘了上一顿吃过什么，这种几乎现代人共有的忘性，正是由吃进嘴里的每一口食物的"无感＋无心"所造成的。看了我的书，至少要亲手做一道，你会发现做菜没有想象中那么困难和花时间，而且你从中得到的成就感和踏实感要比坐在家里等外卖高出很多。

我的 CFO（首席财务官），也是我的闺密——Miss R，她呢，和一般的上班族一样，朝九晚五。身为财务大臣，业务琐碎繁忙，但她也热爱健身瑜伽，用来调剂身心。平时有空，她喜欢自己下下厨，在家做做健康料理，是所谓的"厨艺爱好者"。但她能待在厨房里的时间并不多，也总是缺少灵感，做来做去就是那几样菜。就在一次闲聊中，

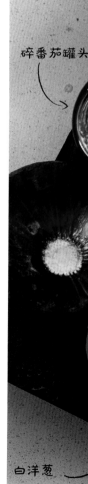

碎番茄罐头

白洋葱

红酒

意大利长条面

新鲜罗勒叶

海盐

食材

牛绞肉（肥瘦均匀，粗绞） 300 克
烟熏培根 150 克
碎番茄罐头 1 罐（500g）
胡萝卜 75 克
帕马森芝士 30 克
意大利长条面（或任何你喜欢的意大利面条）

调味料

番茄膏 2 汤匙
白洋葱 75 克
大蒜 2 瓣
红辣椒 1/2 根
新鲜罗勒叶 1 把
月桂叶 1 片
新鲜百里香 1 枝
橄榄油 30 毫升
海盐
黑胡椒粉
红酒 150 毫升
蔗糖

Ingredients

Minced Beef 300g
Smoked Bacon 150g
1 Tin of Chopped Tomato (500g)
Carrot 75g
Parmigiano Reggiano 30g
Spaghetti or Any Pasta You Like

Seasoning

Tomato Paste 2 TBSP
White Onion 75g
2 Cloves of Garlic
1/2 Red Chili
a Handful of Fresh Basil
1 Bay Leaf
1 Sprig of Fresh Thyme
Olive Oil 30mL
Sea Salt
Ground Black Pepper
Red Wine 150mL
Demerara Sugar

我们聊到了冰箱常备菜（就是事先做好包装好，放在冰箱里，打开就可以吃的方便菜），"意大利肉酱"的点子就这么蹦了出来。

Bolognese（意大利肉酱）来自意大利北方的 Bologna（博洛尼亚）——自古就是农业与畜牧业发达的城市。那里的人都是讲究的吃货，甚至被其他地区的人"羡慕忌妒恨"地称作"有口福的美食讲究者"。按照古老的菜谱，意大利肉酱最初其实是用番茄和剩下的肉汁做成的，但肉汁满足不了吃货的口欲，渐渐便加入了肉类。当时的"肉"，指的其实是兔肉，而且还是野兔。野味在欧洲很常见，至今许多地区在固定的季节都会推出野味餐，野兔、野鹿、野鸡……想要多野就有多野。然而毕竟野兔数量有限，慢慢地就被改成了牛绞肉版本。这种版本的肉酱可供嘴馋的老饕一年到头享用，更风靡全球各地，成为知名度最高的意大利肉酱。

R 小姐人在苏州，我在上海，做法在电话里一时说不清。多亏有先进的科技软件，打开了视频通话同步教学。我隔空手把手、一步步、口沫横飞地指导还兼带示范动作。屏幕里 R 小姐手忙脚乱地问："那下一步呢？你看一下，这样切得够小吗？油的热度这样可以吗？……然后呢？接下来要转小火了吗？……"幸亏 R 小姐是我的好朋友，我才能耐住性子反复说明和指导，如果是在我的厨房，"你 @#%……到底会不会，刚才有没有在听啊"之类的脏话大概早就飙出口了。

一人做饭两人烦，幸好结果是美好的。R 小姐为自己的 Bolognese 处女作拍下照片，记录下这个忙乱却愉快的夜晚。这次经历也让我发现，原来老师真不是一般人干的职业。后来人家叫我"刘老师"，我都会说："谢谢，担当不起！"

 步骤

1. 白洋葱、大蒜切碎混合。培根切丁（切成小指甲盖大小，约 1 厘米见方），胡萝卜刨丝，红辣椒去籽切末。

2. 锅中不加油，干锅中火依序炒熟培根丁、牛绞肉，至水分炒干后，加入番茄膏拌匀，炒至番茄香气蹿出。加入红酒同煮，等酒气挥发后转小火，加入白洋葱、大蒜、红辣椒、胡萝卜、碎番茄罐头不停拌炒（小心巴锅！）。

3. 加入罗勒叶梗、月桂叶、百里香，一同熬煮至颜色血红时，加入橄榄油继续熬煮。待酱汁表面出现孔洞、如火山喷发的程度，即可加入海盐、黑胡椒粉调味。尝一口，若觉得太酸，可加少许蔗糖调味。

4. 关火，捞出罗勒叶梗。煮好意大利长条面，浇上肉酱，加入撕碎的新鲜罗勒叶，撒上帕马森芝士——大快朵颐喽！

不凡一点诀
Fan's tips

- 地道的肉酱，肉的比例一定是牛臀肉：猪肉 =7∶3，猪肉一定得用意大利特产的烟熏咸猪肉，以及盐渍猪油块（高级版的猪油块）。但按照我的食谱做出来的风味，也已足够惊艳到打趴外面 99.9% 的意大利面餐厅。

- 嫌切洋葱、大蒜麻烦，可用食物料理机打碎，但机器打出的洋葱水分多，风味会大大流失。手切食材有它的道理在，不信的话比较看看！

- 不同品牌的培根、番茄罐头都有自己的风味。多选、多做，就能找到适合自己的风味。培根可选肥厚一些的，风味更醇厚。我不喜欢加蘑菇、黑橄榄，但如果你喜欢，想加也没问题，但须留意这样做出的肉酱无法长时间存放。

- 熬煮肉酱时若觉得锅中食材太干，可加入少许沸水稀释，但绝对不可以加冷水！冷水会降低锅中温度，使蛋白质凝固，肉香无法释放。所以切记：只要是长时间熬煮，中途若必须加水，加的一定是沸水。

- 做好的肉酱放凉后，可分装成小包冷冻起来，一个月内食用风味最佳。享用前，先从冷冻室放到冷藏室退冰，再放到室温下解冻，用微波炉、电饭锅或平底锅加热均可。

- 意大利长条面最常见，也是这道肉酱的经典搭配，但商店柜架上五花八门的各种面条，其实也都可以跟它"热舞"一段。煮意大利面时，水里可加 5% 的盐，煮到自己喜欢的弹牙程度。早年意大利人想吃面，可是直接取海水来煮的，多幸福！

美式苹果派 vs 法式苹果酥

Apple Pie vs Apple Tarte Tatin
(Serve for 4 Pax)

当一只快乐的蚂蚁！

我有一个外号鲜为人知，叫"蚂蚁"。我爱吃甜食，能多甜有多甜，尤其是欧式甜品。一份最简单的瑞士卷蛋糕或派，加上一杯热咖啡，就可以让我在欧洲街头坐一整天，或发呆，或想事情，更常做的是观察来来往往的人们。他们的表情、动态，一举一动都是我创作的灵感来源。

厨房分工细致、专人专职，做菜的不会去做甜点，做甜点的也没工夫去管做菜。但我就是个闲不下来的"雏"子，总是动动我灵敏的鼻子，闻"甜"而去。从一开始去点心厨房讨些甜品吃，到后来甜品师傅忙碌时，要求我送些小厨子过去帮他们打下手。久而久之，我们也保持了一种微妙的"合作关系"。

在迪拜费尔蒙酒店（The Fairmont Dubai）工作时，我已掌管着一家得奖的餐厅——光谱餐厅（Spectrum on One），并担任 8 个运营厨房的厨师长。我的行政总厨 David Hammonds 是位 185 厘米高的英国老绅士，留着查尔斯王子一样的二八分头，翘胡子，说话不缓不急。David 也是个甜点控。每当下午开完会、巡视完毕，我俩总会一起晃到甜品房，以"质量检查"之名，实为满足口腹之欲。

甜品房的行政总厨 Eric Gouteyron（埃里克·古泰龙）是个脾气古怪的法国人，说他是精神分裂患者也不为过。他发起疯来，我跟 David 甚至总经理都得躲得远远的。但这大叔人虽古怪，个性又孤僻，但在迪拜可以说是甜品第一把手，尤其是他做的手作巧克力，只能用"此物只应天上有"来形容。

Eric 对自己的作品要求极致，能手打的，一定不用机器（连面团也是），还曾经因此把手臂弄到脱臼。但他总是浅浅地用法语说一句："Ca va bien, Pas de Problème（没事，我可以）。"他就像一位身经百战的老兵，宁可战死沙场，也不愿躺死病床。这种精神令人肃然起敬。

Eric 有副臭脾气，行事也一样"疯狂"。常常一个人骑着重型摩托车上路，从迪拜飙到阿布扎比，当天返回，来回超过 250 千米的路程。（也许这就是他灵感的来源之一，我猜。）

有天午后，他突然对我说："既然你这么爱吃我的甜品，要不干脆转调过来帮我吧！"我愣了一下，这哥们"怪"名远播，要不是为了他诱人的作品，我能躲多远就躲多远，现在竟然要我过去跟他一起工作！结果当然是不可能啦，毕竟我还有自己的厨房要顾。但我答应他："只要一有空，我就过来帮你，免费！"表面上我加班、付出苦力，但实质上我不仅得了友谊，还得了技术。

当年，我们三人因为金融海啸中箭落马，各奔东西。我回到中国，David 回到了温哥华担任一个度假村的总经理，Eric 先后去了美国、加拿大、日本、中国香港等地，最后落脚马来西亚，三人在世界的不同角落打拼。每当我有机会到马来西亚，都会特别去拜访 Eric，一起吹吹牛、喝杯啤酒，回忆当年在厨房不足为外人道的荒唐。

食材
派皮
有盐黄油　170 克
中筋面粉　275 克
冰水　115 毫升
蛋黄　1 颗
玉米淀粉　20 克
葡萄干　30 克
内馅
青苹果　800g

调味料
海盐　5 克
肉桂粉　2 茶匙
蔗糖　40 克
细 / 白砂糖　40 克
有盐黄油　30 克
新鲜黄柠檬汁　1 汤匙
朗姆酒　20 毫升
水

辅助工具
派盘
派皮花刀

Ingredients
Crust
Salted Butter　170g
All Purpose Flour　275g
Iced Water　115mL
1 Egg Yolk
Corn Starch　20g
Raisin　30g
Filling
Granny Smith　800g

Seasoning
Sea Salt　5g
Ground Cinnamon　2 TSP
Demerara Sugar　40g
Fine Granulated Sugar　40g
Salted Butter　30g
Fresh Lemon Juice　1 TBSP
Rum　20mL
Water

Tools
Pie Pan
Pastry Jagger

美式苹果派

Apple Pie

 步骤

派皮

1. 面粉过筛，加盐混合均匀，放入冰箱冷藏 30 分钟。

2. 黄油切成 1 厘米见方的小块，混入面粉中。以叉子压碎黄油，混合面粉至呈现豌豆大小后，加入冰水拌匀使之成为面团状态。放入冰箱冷藏 1 小时。

内馅

1. 青苹果去皮去核，切成 3 厘米见方的小块。均匀混合蔗糖与白砂糖。将葡萄干浸泡于朗姆酒中。

2. 锅中加入黄油，中火加热，加入苹果块拌炒均匀，至苹果表面稍呈透明状时，撒上混合砂糖与肉桂粉，继续拌炒。

3. 当锅中略微滚动时，加入浸泡好的葡萄干搅拌，使酒气挥发，飘出香气。

4. 调和玉米粉与水，淋入锅中勾芡至浓稠状，关火。加入黄油、柠檬汁搅拌均匀，冷却备用。

组合与烘烤

1. 取出冰镇好的面团，推擀成厚度 0.3 厘米、比派盘边缘大 5 厘米以上的平整派皮。涂抹上一层薄黄油于派盘中，撒上干面粉。将派皮平铺于派盘上，按压盘底使派皮完全贴合派盘，切边后，放回冰箱。将剩下的派皮重新推揉，擀成厚 0.2~0.3 厘米的皮，用派皮花刀切成 1 厘米宽的长条状。

2. 将冰镇的派盘取出，盘底用叉子戳出均匀的小洞。将彻底冷却的馅料均匀铺于派盘中，直到表面略微高于盘缘即可。将切好的派皮条交叉编织成面，完整铺盖于内馅上。整理形状并切除多余部分。

3. 派皮表面刷上蛋黄液，送入预热至 200℃的烤箱烘烤 20 分钟。而后转 170℃再烘烤 30 分钟后，即可出炉。

法式苹果酥

Apple Tarte Tatin

食材
冷冻千层酥派皮　1 片
内馅
青苹果　2 颗（300 克）

调味料
蔗糖　20 克
细 / 白砂糖　20 克
有盐黄油　30 克
肉桂粉　2 茶匙
海盐

辅助工具
烤盘
烤网

Ingredients
Puffed Pastry　1Pc.
Filling
2 Granny Smith (300g)

Seasoning
Demerara Sugar　20g
Fine Granulated Sugar　20g
Salted Butter　30g
Ground Cinnamon　2 TSP
Sea Salt

Tools
Baking Tray
Oven Rack

 步骤

1. 摊开干层派皮，推擀成厚 0.2 厘米、长 25 厘米、宽 15 厘米的长方片状。青苹果去皮、去核，切成薄片。

2. 烤盘上刷一层薄黄油，将派皮置于派盘上，用叉子均匀戳洞。将青苹果片均匀平铺在派皮上（左右两边各留出约 1 厘米宽的派皮）。

3. 撒上蔗糖与白砂糖混合糖粉、肉桂粉。用手将黄油捏成小块状，均匀置于苹果片上。送入预热
   至 200℃的烤箱，烘烤 20 分钟后取出。

4. 将苹果酥从烤盘挪到烤架上，再次送回烤箱，以 190℃再烤 10 分钟。出炉，完成。

不凡一点诀
Fan's tips

- 制作烘烤类甜品，你需要一部中型尺寸以上的烤箱，有精准的定温功能，能预热至少 30 分钟。

- 青苹果口感爽脆、酸甜平衡。红苹果较甜，口感松散。喜欢什么甜度，加酒不加酒，加什么酒，要不要加坚果，看你喜好，也可以依你当天的心情来定！

- 一定要学起来！蛋黄加半汤匙清水与半汤匙酱油搅匀，用来刷派皮表面，可以烤出非常诱人的金黄色。

- 做美式苹果派，如果家里没有派皮花刀，用一般的刀来切就可以；不想帮派皮"编辫子"，拿一整张皮盖上去，表面用叉子均匀戳洞，在边缘捏一圈花边，也很大气。重点是苹果派烤后因为水分蒸发，表面会塌，填馅时不要小气，中间要突起，成品才会丰满好看。

- 派皮可以先制作好，存放在冰箱冷冻室，派馅可以前一天再做，到了当天只要组合和烘烤，就可以优雅上场，不至于手忙脚乱。

- 法式苹果酥吃的是千层的酥脆，除了上述食谱写的小秘方（把烤盘换成烤网，回炉再烤），也可以在烤制过程中勤刷黄油，使派馅香润。

- 叠放法式苹果酥的苹果时，可以试着多叠几层，由下往上、依层递减。当你能力越好、技术越高，你堆叠的苹果片总数也会越多，当然酥皮也相对承载更多的压力。出炉后，一口咬下，果香软糯酸口，底部酥脆浓香。这是我在鉴定一份 Tart Tatian 是否足够优异时，必看的一点。

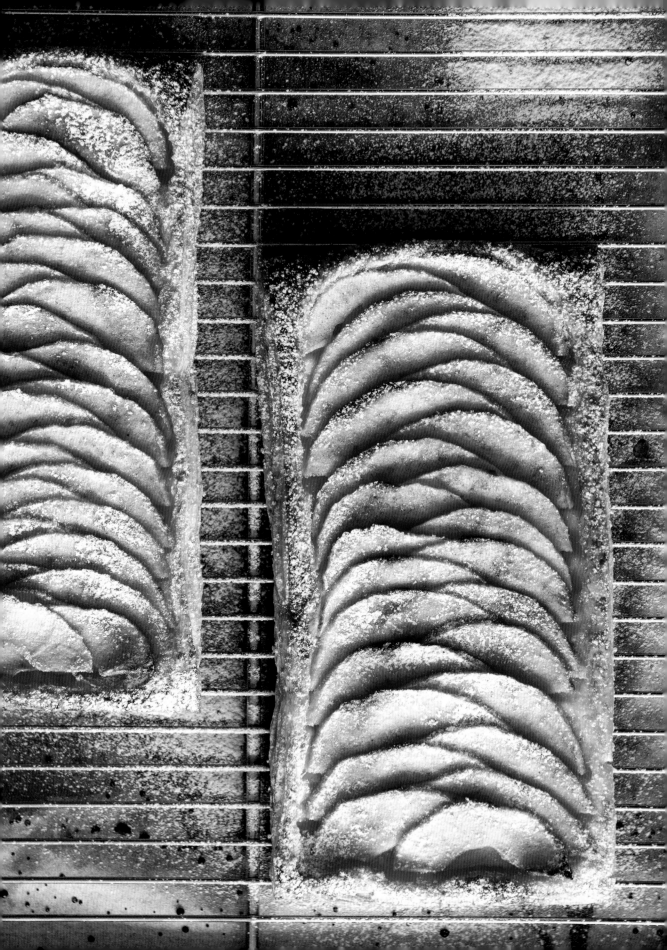

宴会菜

2003 年初春，我身上揣着伦敦萨伏依酒店（The Savoy London）的聘书和花了将近一年才办下来的工作签证，兴奋中带着些许不安，连同 80 多公斤重的家当，飞抵伦敦。

那可是萨伏依！ 1889 年开业，世界驰名、皇室最爱的百年传奇酒店！我一个 26 岁的毛头"雏"子，何德何能被人看中，千里迢迢漂洋过海，来到这里工作？更何况还是萨伏依百年来首例拿了最高级别的工作签证，走进它的厨房的中国人！

也许是我运气好，也许是我的潜力特别容易被看见，在生命里的很多关键时刻，总有贵人恰巧出现，推我一把。我在萨伏依有两个贵人，一位

地狱厨房，绝地反攻！

吃苦当作吃补，当你转换心念，一切就会变得不一样！

是安东·埃德尔（Anton Edelmann），我的大 BOSS（老板）；另外一位则是把我派遣到他旗下、鼎鼎大名的"噩梦主厨"Gordon Ramsay。

据说，当时我的聘任案在萨伏依内部引起过不小的争议。是两位大神力排众议，执意让我到他们负责的 The Grill Room 餐厅工作的。Gordon 当时说："我知道你们的怀疑，我也知道我们酒店拥有足以自豪的历史和荣光，可是如果我们不给自己一次机会，去接纳更多元的文化和可能，我们大不列颠再怎么伟大，也就仅止于此了！"

你以为有了"双神"钦点＋护体，又进了人人羡慕的上流酒店工作，就能"飞上枝头当凤凰"，从此吃香喝辣了吗？错！大错特错！我搭上的其实是直通十八层地狱的电梯，还用光速奔向暗黑的最底端！

酒店越高端，就越重视细节，从服务到餐点，一丝一毫都不能放过！何况是萨伏依这种随时都有皇室贵族大驾光临的"御用级"酒店！一般人进酒店看的、享受的是富丽堂皇的"高大上"。殊不知在餐厅后厨，有上百个厨子几乎不眠不休，手里忙个不停、双脚停不下来，口里还飙着不同国家的脏话，24 小时不停做菜、出菜，被骂、被训。

专业厨房的人员配置就跟军队没两样，一道菜需经过切洗、备料、酱汁、烹调、烤制、摆盘、装饰……工序可能多达十几道，而且每一项都有专人负责。我们每个人都渺小得像颗螺丝钉，死盯着眼前的操作台，前方的老兵（厨师长们）在驯兽师般的嘶吼中挥舞着手中的皮鞭。我们不断重复着同样的动作，流水线一样把菜"组装"起来。一到用餐高峰时间或者酒店举行宴会，忙起来简直就是打仗！只要一个小环节出错或质量不够好，立马被臭骂，还会拖垮战线，造成"兵败如山倒"的惨剧。

我就曾经有过一个晚上搞砸 20 多份菲力牛排的"辉煌"纪录！在那种高压的环境里，唯有全神贯注才能应付接踵而来的命令和订单，只要稍一出神，就会找不回状态。那晚我被痛骂到甚至开始怀疑自己：抱着雄心壮志千里迢迢来到这里，却连一块牛排都做不好！

每天超过 16 小时的站立和劳动是常态，一忙起来连饿都来不及感觉。有时弄一块三明治打算抽空咬两口补充热量，结果一搁就是一整天，动也没动，被厨房的冷风吹到干透。收工后脱掉制服，肉体的疲倦迎面袭来，身上各种酸臭挥之不去，两眼呆滞坐在休息室的板凳上。冲过澡，搭一个多小时的公交回到家，睡不到四小时再爬起来，进城，换上制服，上工。日复一日，没穿制服的我，和路边流浪汉根本没啥区别。

睡眠不足、身体疲惫，加上整天精神都处在高压状态之中，厨房里撑不下去、围裙一扔直接走人的大有人在。但我不想就这样放弃，不想就这样打包回家。说一句"老子不干了"很容易，坚持下去相对来说是困难的，却是能离成功更近的唯一途径。我就不相信，一个中国人扛不住压力，做不出被人认可的作品！种族歧视是外国厨房明摆着的恶习，何况我是这里第一个也是唯一的中国人，这地狱般的磨炼——我吞！

"吃苦当作吃补"，当你转换心念，一切就会变得不一样！原本备菜要花 3 小时，我拼尽全力缩短到 2 小时；同事打电话来说路上堵车让我代班，已经一夜没睡的我二话不说继续挺到中午。老外最爱的早餐饮品——现榨胡萝卜"原汁"（在中国，很多酒店都加水、加糖、加"不知道"），是我最痛恨的。要洗要切要削皮，八根胡萝卜只能榨出一杯原汁！但我每天上工，第一件事就是手脚麻利地解决它。米其林餐厅的最低标准是要求每个厨师的冰箱都要有条不紊、干干净净，否则全部扔掉。我就每天打理整齐到让你找不到刺可挑！我就是这么不服输，这么"自虐"！

然后，我掌握了"手感"。我看得出，也渐渐能够分辨香气和口感、味道的差异。从前的敏锐，慢慢地，回来了。"啊多么痛的领悟——"唱的应该就是这种感觉！

当你通过这些试验，你就会知道：这些严酷到几乎不近人情的要求，都有它的道理。就拿那一小方每天必须盯着看的工作台来说吧，每样工具、食材、调味料、器皿，就必须精准地定位在它们必须要在的位置，一个不经心就会导致错位，就会搅乱已然熟悉到甚至内化的程序。如果连最基本的"精准"都做不到，那么你要如何证明自己做的菜口味一致呢？

当时"井井有条"的训练，无形中延续到了现在。我工作的区域永远一目了然、干脆利落。生活里也一样，我无法忍受杂乱无章，见了总是忍不住出手整理清洗。是"洁癖"吗？我不敢苟同，我认为是"自律"。但在朋友圈中，洁癖成了我如影随形的封号。

在萨伏依的日子，我真正见识到什么是"阶级"，什么是"贵族"。上流社会真的很浮夸，不仅有气场惊人的各种做派，从身上别的徽章到从头到脚的美学细节，还有跟在一旁的侍从发自心底的服务心意，都令我大开眼界。

原本我设定的目标，是两年能从萨伏依光荣毕业，拿张大奖状（真的很大，有半个人那么大，所有的亚洲厨子都渴望有一张）。但工作将近一年后，我被"踢出"了萨伏依。Anton 和 Gordon 不希望我再留在这。Gordon 说："我们很爱你，但你需要被更多人爱！"Anton 随手拨了个电话，我就被"踢"到三大传奇酒店之一的伦敦多切斯特酒店任职。背负着两位大神的期望，一样充实，一样忙碌，但我一贯的坚持努力没有因此松懈，成就也没有被埋没。我从郊区逼仄如哈利·波特房的阁楼屋，搬进了伦敦市中心公寓。在爱彼迎（Airbnb）蔚然成风之前，我的服务精神与美味的手作早餐在旅行平台口耳相传，以至于客人多到应接不暇，连房租水电也不再发愁……

在伦敦的五年，是我生命中最深刻、最有滋有味的时光。肉体的疲倦击不倒精神的执着。冬夜，我一个人坐在哈罗德百货前的长凳上，望着橱窗发呆——看它怎么摆放、呈现商品，看不同颜色和形状的商品如何融为一体。想的都是跟工作有关的事。只依稀记得有那么一个大年夜，我接近午夜才下班，拖着沉重的身体，准备赶车回家。路上我见到一座电话亭，走了进去，掏出口袋里仅有的五英镑，拨给千里外的家。那头奶奶接了起来，很开心地说："家里人正准备年夜饭呢，有你最爱吃的……"我不禁流下了眼泪。

英国伦敦之后，是瑞士、印度，还有迪拜、上海。我成了一位名副其实的"跨国技术工作者"。我心里知道：这条路，我真的闯出了一番成绩，被全世界都看见……

鲜虾海味可乐饼，泡菜与蛋黄酱

Prawn, Seafood Croquette, Kimchi Mayo
(Serve for 10 Pax)

小虾米也可以变大鲸鱼

（深吸一口气说）凭什么"可乐饼"可以被刘一帆列在宴会菜的菜单上？

凭什么？凭它自己的实力！

Croquette（可乐饼）源自法国，早在16世纪法国国王路易十四的御厨食谱中即有记载。当时，土豆泥里掺的是兔肉、松露等食材，裹上面包粉后油炸。可乐饼流传到日本后，被发扬光大——华贵的宫廷料理变身庶民小食，土豆的伴侣换成了牛绞肉和蔬菜，原本的圆筒形状也被压扁，成为如今我们熟悉的"饼"。然而它金黄酥脆的诱人外表、入口"咔嚓"的脆亮声响，让它得以被人们持续热爱——从小孩到老人，几乎没有人能抗拒这一口。

忙完午餐工作，收拾厨房、盘点食材、交接，下午3点到傍晚7点是厨房最放松的时光。所谓的"放松"是指，你面对的是准备工作，即将迎接晚餐时段的忙碌高潮。

食材与调味料

可乐饼

新鲜虾仁　75 克

新鲜牡蛎　75 克

新鲜花枝　75 克

猪五花绞肉　50 克

土豆（去皮后）　1 200 克

蛋黄　4 颗

鲜奶油　50 毫升

融化黄油　100 毫升

香菜　50 克

全蛋　5 颗

面包粉　150g

杏仁片　100 克

玉米粉　100g

海盐　2 克

豆蔻粉　5 克

白胡椒粉　8 克

葵花油

泡菜

小黄瓜　150 克

小干葱　100 克

红辣椒　1 根

黑胡椒粒　2 克

白胡椒粒　2 克

月桂叶　2 片

米醋　300 毫升

细 / 白砂糖　300 克

蛋黄酱

日式蛋黄酱　150 克

韩国辣椒酱　80 克

Ingredients & Seasoning

Croquette

Fresh Prawn meat　75g

Fresh Oyster　75g

Fresh Squid　75g

Minced Pork Belly　50g

Potato (Skin off)　1 200g

4 Egg Yolk

Fresh Cream　50mL

Melted Butter　100mL

Coriander　50g

5 Eggs

Breadcrumb　150g

Almond Flakes　100g

Corn Starch 100g

Sea Salt　2g

Ground Nutmag　5g

Ground White Pepper　8g

Sunflower Oil

Kimchi

Cucumber　150g

Shallot　100g

1 Red Chili

Black Peppercorn　2g

White Peppercorn　2g

2 Bay Leaves

Rice Vinegar　300mL

Fine Granulated Sugar　300g

Mayonnaise

Plain Mayonnaise　150g

Gochu (Korean) Chili Sauce　80g

专业厨房分工极细致，各工种、各部门准备着配料、调料，最后再像无敌铁金刚般组合起来。听着音乐、说着笑话，嘴上嬉闹、手上有料。在这段时间制作可乐饼，应该是每日最简单、最欢乐的工作之一。

好吃、接受度高，让可乐饼具备了作为宴会菜的条件。如何做到让它端得上台面，就是厨师的责任了！过去我曾做过兔肉、油封鸭的版本，这里收录的是海鲜版的做法。鲜虾海味可乐饼保留了最初可乐饼的圆筒形状，搭配简单爽口的泡菜和日韩风味合体的蛋黄蘸酱，缤纷的颜色和盛盘巧思，绝对会引发宴会的一阵骚动。

谁说宴会一定要正襟危坐、规规矩矩地吃完一顿三小时的饭？活泼、随性、充满想象力，是我想借这道可乐饼传达的意义。你可以和我一样，在宾客面前恣意挥洒酱料，可以把炸好的可乐饼随性堆放，让客人无须拘泥于繁复的刀叉礼仪，伸手一拿就吃。这样游戏性的互动，更能为宴会升温，促进宾客间的交流。

 步骤

可乐饼

1. 土豆去皮，切成等宽大片状或块状，置于锅中后注入自来水，加一汤匙海盐，大火滚开后转中火，烹煮至土豆松软，完全沥干水分后置于室温下，约 10 分钟。

2. 花枝洗净、切小丁，虾仁去除虾线、剁成粗泥状，牡蛎反复清洗干净，绞肉利用刀背拍打出黏性。

3. 将土豆捣成泥状，依次加入蛋黄、融化黄油、鲜奶油、海盐、白胡椒粉、豆蔻粉、香菜，混合调味均匀后放置 10 分钟。再依次加入猪肉泥、鲜虾泥、花枝丁轻轻搅拌，最后拌入牡蛎。

4. 取土豆泥轻捏塑形为圆筒形状（每只约 90 克），依次沾裹上玉米粉、蛋液，与杏仁片混合的面包粉。

5. 准备一只油炸锅，油温保持在 160~180℃。可乐饼下锅油炸至金黄色即可。

泡菜

1. 米醋、细白糖混合，低温煮至完全混合均
   匀后倒入容器。

2. 黄瓜切圆片，红辣椒对半剖开，与小干葱、
   黑白胡椒粒、月桂叶片一同放入容器，均
   匀混合。置于室温下半小时即可作为伴碟
   小菜食用。

  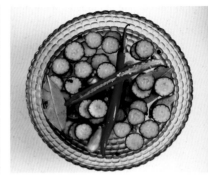

蛋黄酱

将日式蛋黄酱与韩国辣椒酱混合均匀即可，供
可乐饼蘸食之用。

不凡一点诀
Fan's tips

- 土豆煮熟后务必完全沥干水分（步骤1），否则一步错、步步错，对口感、定形和油炸过程都有影响。
- 土豆泥若太稀无法成形（步骤3），可拌入少许生土豆粉或玉米粉。
- 可乐饼的内馅可千变万化，学会基础做法即可自由发挥，玩出你自己的版本。

马赛鱼海鲜汤

5人份

Bouillabaisse
(Serve for 5 Pax)

够"鲜"才能显摆

马赛鱼海鲜汤是法国菜中的无敌至尊汤品之一，也是普罗旺斯"马赛"美食的代表作。喝上一口，让汁液停留在口中，慢慢下咽，脑海中立马浮现"深奥之味，难以捉摸之鲜"等字句。宴会由它压阵，轰动效果毋庸置疑，客人绝对满意！

让我们先忘掉它"世界三大名汤"的美誉，回归本真。马赛鱼海鲜汤，本来就是"渔村汤"——最贫穷的美味珍馐，是当地渔民，用当天捕捞到各式各样的新鲜杂鱼制作的简单美味。就地取材、快速烹煮，有什么就往锅里丢什么，乱炖而成一锅汤菜。听上去很简单？随着后世不断的精致演化，如今制作起来有时还真 OOXX……XYZ 有想"死"的念头。

这"渔村汤"厉害在哪？不啰唆一个字——"鲜"。一道又一道复杂烦琐的程序，就为了把汤的"灵魂"全都吊出来。汤中加藏红花是当地婆婆妈妈们的智慧，既可增色又可掩盖令人不快的鱼腥味（古人说"画龙点睛"，滋味不外如此）。总之，要做就要做到极致，耗时费工提炼出的"鲜"永远是灵魂所在，是制作时必须牢牢把握的重点。打圈圈，画线！

白洋葱

小土豆

西芹

虱目鱼

贻贝

螃蟹

食材

新鲜石斑鱼　50 克

红鲻鱼　50 克

虱目鱼　50 克

斑节虾（黑虎虾）　20 克

带子　20 克

淡菜（贻贝）　20 克

新鲜鱿鱼　20 克

螃蟹　2 只

鸡骨架　2 副（或以鸡高汤取代）

白洋葱　1 颗（200 克）

胡萝卜　1 根

西芹　3 根

茴香　1/2 颗

香菜　1 把

整粒番茄罐头　1 罐（500 克）

小土豆　30 克

嫩茎绿芦笋　10 克

樱桃萝卜　5 克

迷你胡萝卜　10 克

欧芹　5 克

藏红花　10 克

新鲜橙皮　4 片

调味料

大蒜　4 瓣

新鲜生姜　30 克

新鲜罗勒叶　1 把

新鲜百里香　5 克

橄榄油

有盐黄油

白兰地　100 毫升

米酒（或清酒）　100 毫升

茴香酒　50 毫升

白葡萄酒　50 毫升

鲜奶油　50 毫升

海盐　20 克

黑胡椒粒　20 克

黑胡椒粉　5 克

番茄膏　3 汤匙

Ingredients

Grouper Fillet　50g

Red Mullet　50g

Milkfish　50g

Tiger Prawn　20g

Scallop　20g

Mussels　20g

Fresh Squid　20g

2 Fresh Crabs

2 Chicken Carcass

1 White Onion (200g)

1 Carrot

3 Celery

1/2 Fennel Bulb

a Handful of Coriander Leaves

1 Tin of Tomato (500g)

Baby Potato　30g

Baby Asparagus　10g

Red Radish　5g

Baby Carrot　10g

Parsley　5g

Saffron　10g

4 Pcs. Fresh Orange Peels

Seasoning

4 Cloves of Garlic

Fresh Ginger　30g

a Handful of Fresh Basil Leaves

Fresh Thyme　5g

Olive Oil

Salted Butter

Brandy　100mL

Rice Wine (or Sake)　100mL

Pernod　50mL

White Wine　50mL

Fresh Cream　50mL

Sea Salt　20g

Black Peppercorn　20g

Ground Black Pepper　5g

Tomato Paste　3 TBSP

除了鱼类，我还加入了鲜虾、带子、鱿鱼、淡菜等海鲜，来呈现大海的丰富滋味与澎湃的视觉。然而最重要的是汤底，用螃蟹、鱼骨和鱼尾等"废物"（天生我"材"必有用，物尽其用很重要，画双圈！）精心熬煮后过滤的汤头，高雅细致超乎想象。

你可以多熬煮些高汤，当天吃不完当作备料冷冻起来，或吃完海鲜料后过滤一次再冷冻当作"基底"（用专业术语来说就是"Base"）——用它来煮龙虾浓汤是绝品，用它来制作意大利面、海鲜炖饭是更上层楼的美妙。艺高人胆大的你更可以发挥创意，加南姜、香茅等变成泰式冬阴功，加椰奶和咖喱煮成叻沙（Laksa），加泡菜变韩式泡菜锅，等等。一道法国鱼汤打遍天下，厨艺江湖你只能"独孤求败"了，不学是你的损失！

 步骤

1. 将所有海鲜食材清洗干净，鱼类去骨、取肉切片（鱼骨、鱼尾留下备用）。螃蟹取出蟹黄，对切。白洋葱、胡萝卜、茴香、西芹切大丁，大蒜、新鲜生姜拍散。

2. 锅中加入橄榄油、黄油混合均匀，爆香大蒜、新鲜生姜，下白洋葱、胡萝卜、茴香、西芹大火炒香，加入黑胡椒粒。

3. 转中火，下螃蟹、鱼骨、鱼尾，加入番茄膏与捏碎的罐头番茄，一同拌炒。

4. 待海鲜飘出香气，淋上白兰地、茴香酒、米酒，转中大火继续翻炒，使酒精完全挥发。加入鸡骨架（或鸡高汤）、新鲜橙皮、罗勒、香菜，炒匀后倒入清水至淹没食材。炖煮 40 分钟后，过滤所有残渣，留下汤汁。

5. 将炖好的海鲜汤倒入汤锅中，保持中火，持续收汁约 20 分钟，转小火，撒入藏红花续煮 10 分钟。

6. 依次放入各色海鲜料（鱼片、虾、花枝、淡菜等），以汤煨熟。淋上蟹黄、鲜奶油，以海盐及黑胡椒粉调味。最后以煮熟的小土豆、芦笋、樱桃萝卜片、罗勒叶装饰。完成。

不凡一点诀
Fan's tips

- 不必拘泥上面的食材，绝大多数脂肪含量低的白身海鱼和带壳海鲜都适合用来做这道汤。市面上容易买到的金枪鱼属于红肉，煮起来有铁腥味；鳕鱼则易碎，价高，不耐久煮。

- 所有的鱼头都记得去掉，不要丢进去熬汤，否则会很腥。

- 藏红花可以为食材染上艳丽的橙黄色，如步骤 6 的小土豆。

- 汤上桌前，可撒一些黄柠檬（莱姆）皮，更添香气。

- 搭配法棍、大蒜面包最佳，米饭、面条也可，要吃得高雅、搭得接地气。

- 做好这道汤（菜），得舍得花、舍得吃。好食材、好料酒由你自己选择跟搭配，不同的酒香跟不同的新鲜食材碰撞，结果都不一样哦。

- 存放标准和期限：冷藏（0~7℃）需 3 天内食用完，冷冻（零下 15℃）需 3 个月内食用完。

香料煎牛排

Pan Seared Steak
(Serve for 2 Pax)

曾经我也"半生不熟",爱做梦!

很多人常问我:刘老师,你看人的标准是什么,你怎么选择员工呢,员工需要什么特质?在十年前我就深深体会到:好的行政总厨不一定能做一手好菜,会做好菜的厨子也不一定能把自己的餐馆(酒店)给管理好。不是每一个厨子都能有"文(管理)武(做菜)双全"的资质和际遇!

很多热爱厨艺的人,都有一个"蓝带梦"(到蓝带厨艺学院进修),我也不例外。从厨艺专门学校毕业后,如果不是继续升学,就是直接进业界打拼。而在我那个年代,国际上能数得出名号的专门职业及技术学院实在不多,而且学费会贵到你想骂街,学完几乎倾家荡产!当时我的目标有三个:美国烹饪学院(Culinary Institute of America)、法国蓝带厨艺学院(Le Cordon Bleu)、瑞士格里昂酒店管理学院(Glion Institute of Higher Education)。我爹在我正式进入餐旅业之前就告诉我,如果想继续读书,家里可以供你读到想要的程度,但唯一条件是:在 18 岁前,托福成绩达到 550 分以上并申请到学校;过了18 岁,开始赚钱后,费用就减半!我们家的教育方式很西式吧,但其实很公平、也有道理。

食材
菲力牛排　250 克

调味料
海盐　5 克
黑胡椒粉　4 克
大蒜　3 瓣
新鲜迷迭香　2 枝
新鲜百里香　4 枝
有盐黄油　1 汤匙
橄榄油　2 汤匙

Ingredients
Beef Fillet　250g

Seasoning
Sea Salt　5g
Ground Black Pepper　4g
3 Cloves of Garlic
2 Sprigs Fresh Rosemary
4 Sprigs Fresh Thyme
Salted Butter　1 TBSP
Olive Oil　2 TBSP

当时我的母校开平中学引进了国际驰名的教学法——"三明治教学"，也就是"理论－实务－印证"。厨房的养成教育除了学校（理论），实习是最重要的一环。在学校，我的叛逆使我常常跟理论派老师们起争执，甚至直接顶撞，永远跟"好学生"三个字无缘；但进入业界，我的这份"叛逆"却让我如鱼得水地活下去。当时我进入台北亚都（丽致）大饭店实习，心里仍迷茫着是要出国继续念书，还是直接就业。一次偶然的机会，酒店 boss（老大）——总裁，严长寿先生（台湾餐饮业教父，人人尊称他"严先生"）对我说："你是个有天资条件的人，不应该在学校浪费时间，你的人生需要更多冒险，走出去吧，离开台湾！念书，可以等机会到了再念！"

我的生命中有许多贵人，他们就像高僧，在你练功练到快要走火入魔时，用一席话、一记警钟，就把你扳回正轨。句句写实，字字到位。对一个当时只是小小小小咖实习生的我来说，严先生宛如一座大山，更是远在天边的存在，他竟然看透我的心事，还亲自提点、开示。后来我才知道，他曾经特别交代内部高级主管："我在今年的实习生中看到了当年的我，好好栽培这个年轻人，他未来会有一番事业。"是什么原因让他看出我具备潜能，又是什么让他知道当时年少轻狂的我需要更多的冒险、锻炼才能成才？我至今仍不知道，但这份恩情我永远铭记于心，不敢忘记。

出国闯荡多年后，我很清楚知道自己一定要成为"文武双全"的厨子：既能管理也能做好菜。在国际酒店集团的"多金"支持下（我的学费，集团全额负担，唯一条件：必须毕业！），我半工半读地读完康奈尔大学取得商业管理文凭，也创造了全集团史无前例的纪录。

厨房里的基本法则太多了！中餐中，炒一盘合格的蛋炒饭是基本功；西餐中，煎一块合格的牛排也是基本功中的基本。牛排的生熟度就好比人生历练，从不熟、生熟、半熟到全熟，完完全全掌握在厨子（自己）手中。你怎么规划、怎么利用火候和厨具去烹制，完全靠自己积累的修炼经验与路数。

我经常在不同国家面试厨子，通常设置两个环节：一是实做 8 小时；二是神秘盒。前者就是让面试者融入未来"可能"工作的厨房中实战操作，来评估他适合不适合；后者就是在他盒子中放些限制的食材，在未知食材的情况下临场让他做出一道拿手的菜。我一贯的必考题就是："Cook a position of steak.（自选部位，做块牛排。）"先别给我搞喷烟、分子、融合、创意那一套，如果连一块最简单的 Perfect Steak（完美牛排）都做不到，那你还是"再去排队，我们再联络吧，下一位"!

 步骤

1. 菲力牛排均匀撒上海盐。平底锅加入 2 汤匙橄榄油，大火加热至白烟蹿出。

2. 牛排下锅，煎至每一面呈现焦黄色后转中火。

3. 锅中加入拍散的大蒜、迷迭香、百里香，爆香后再加入 1 汤匙黄油。

4. 用汤匙不断地将熔化冒泡的黄油浇淋在牛排上，并滚动翻面，撒上黑胡椒粉。

5. 烤箱预热至180℃，将牛排送入烤箱炙烤7~10分钟后取出。静置 12 分钟后即成。食用前切厚片，直接上桌，或搭配腰果乳香汁（见本书第 40 页）食用。

不凡一点诀
Fan's tips

- 牛肉的厚度要超过3厘米，才能称得上"牛排"，才有所谓"几分熟"的生熟度掌控。如果你买的牛肉厚度不够，就改用肉片的方法来煎吧。

- 牛排从冰箱冷藏室取出后，至少需要在室温下停留5分钟，才能使血水均匀分布在肉质中。

- 烤好的牛排需要rest（休息），"休息"是为了吃到更好的肉质。这个动作至关重要，它能使经过高温炙烤的牛排结构改变，让血水（肉汁）重新均匀地回充至牛排组织，从而吃起来很juicy（汁水饱满），有弹性、有滋味。如果一烤好就马上切开，肉汁会大量流失，整个盘子鲜血淋漓，牛排本身的肉质也变得松散，非常可惜！

- 你可以使用温度探针烤出自己喜欢的生熟度。以亚洲人喜欢的吃法来说，55℃为四分熟（Medium Rare）、60℃为五分熟（Medium）、62℃为七分熟（Medium Well），65℃以上为全熟（Well Done）。然而在欧洲，"接近全熟"的程度法语称Bien Cuit（Well Done），"流血熟"法语是à Point（Medium Rare），"血红熟"法语是Saignant（Rare / Underdone），"不熟"法语是Bleu（Very Rare）。记住这几个国际通用的单词，点餐的时候会得心应手。

- 不同部位的牛排风味各异，每个人喜欢的熟度也不同。多多练习和试验，就能找到最深得你心的制作SOP（标准作业程序）与口感。

三分煎三文鱼佐伯爵茶番茄清露

Barely Cooked Salmon, Early Gary Tea infused Tomato Water (Serve for 3 Pax)

绝处逢生的骄傲之作

"Barely Cooked"翻成中文指勉强煮熟，是食材煮到断生、恰恰好熟的状态。是不是有一种"被逼迫"的感觉？要把握由生转熟的那一瞬间，多一分少几秒都不行，感觉"命悬一线"，像在走钢丝一样"压力山大"。

一个人要被逼到什么状态，才会发挥出潜力？别人我不知道，而我，是在冷藏库里被逼出来的——对的！你没听错，是冷藏库！

在英国修业那段时间，是我感到最光荣也最黑暗的时刻！ 8 个小时仅被叫作半日班（half day），因为我每天在厨房的劳动时间平均至少 16 个小时，体力负荷跟精神折磨已达极限。但我的师傅，恶名鼎鼎的 Gordon Ramsay，无须多解释，全世界干厨子的、不干厨子的都知道他有多严格多恐怖！戈登最擅长的就是发现人类的极限，你越有潜力他就越盯死你！除了给出日常繁重的厨务训练外，还加码要求我们每个当班的班长级（Chef de Partie）以上职位的厨师必须想出每周的新菜来。得到认可的优胜者创作的菜肴可以放上米其林星级餐厅 The Grill at Savoy（萨伏依烧烤餐厅）次周的"特餐菜单"(Menu du Jour) 中。这不单单是对荣誉的追求，也是评判一个厨师是否合格的修罗式磨炼！一点也不夸张，十八层地狱式的修炼，我是一层一层地爬上来的！

27 岁不到的我，是伦敦传奇百年酒店萨伏依酒店正式聘用的第一位中国厨师，更受到 Gordon 的特别青睐。带着满满的自信与骄傲踏上欧洲餐饮最强盛的国度，应该算是年轻有为、小有成就了吧？其实不然，欧洲人从小在厨房打滚，很多人家族三代都是高端酒店从业者。这就像我们常说的："我进厨房的时候，你这屁孩儿还在穿开裆裤呢！"黑头发黄皮肤的我，怎么在蓝眼睛的世界里熬出头？没有其他快捷方式，就是付出比别人更多的努力，投入全部精力跟它拼搏。

当时我刚到英国才半年，脑汁早就跟着体力一起被榨干了，无论如何往死里想也想不出来新菜。即便拼拼凑凑硬上，不是全被倒进垃圾桶，就是被骂得狗血喷头。Gordon 的原话是："Grab your shit and go fuck into the fridge before you make shit." 意思就是："在你搞出一坨屎之前，带上你的屎马上给我滚进冷藏库去！"当然，留在冷藏库门外的就剩各国厨子们的冷嘲热讽。

做的菜肴屎一样地被倒掉，挨了一顿骂，还被关进冷藏库，当时只觉得这就是惩罚吧！专业厨房的冷藏库大得吓人，温度是稳定的 0~7℃——彻骨的冷。现在回想：冷藏库里到处都是新鲜食材，应有尽有。戈登别有用心地把我关进去，其实是要我冷静下来，好好看着来自世界各地的珍馐食材，以此来刺激我的思考。正如当年那帮厨房伙伴对我到来的质疑，Gordon 力排众议说的那句："If we don't accept the news then we are going to be a loser!（如果我们不去接收新的事物，我们就会成为败者！）"

从冷藏库里出来，我的身体不自主地发抖，思路却清晰了不少。手捧食材，我想出了三分煎三文鱼佐伯爵茶番茄清露这道菜，也得到戈登的肯定。很多人问我这创意怎么来的，说实话，当下，我也不知道。

粗搅过后的番茄经过一夜冰滴，成为几近透明的浅粉红色清汤（法文称之为 Consommé），只保留了番茄的香和清甜。在英国随手可得的伯爵茶包，我直觉其香气能和番茄清露相辅相成，所以用了滑荡（近似中餐的"涮"，但汤不可沸腾）的方法，留住香气、让发涩的单宁止步。

你可以说这道菜太刁钻，也可以说没必要这么大费周章，但我只想说：当压力压境，你选择的是一条轻松偷懒、让所有人都觉得理所当然的道路，还是把自己所知所学全部用上，和它拼命？这道菜也造就了后来我常挂在嘴边的一句 Slogan："没有压力，怎能看得出生命的韧性？"

我把食谱毫无保留地写在这里，因为我知道我所经历过的是什么，又创造和超越了什么。抄袭或者复制，我不在乎。因为，冷暖自知。能抄得其形，又岂能抄得其魂？

带皮三文鱼排

小土豆

小菠菜叶

伯爵茶叶

食材

带皮三文鱼排　600 克
熟成大番茄[1]　1.5 公斤
玉米粒罐头　1 罐（约 150 克）
番茄罗勒酱（见本书第 50 页）　50 克
小菠菜叶　30 克
小土豆　30 克
嫩茎绿芦笋　20 克
迷你胡萝卜　5 克
伯爵茶包　3 包

调味料

新鲜生姜　150 克
大蒜　2 瓣
红辣椒　1 根
青葱　100 克
新鲜百里香　2 克
橄榄油
海盐　2 克
黑胡椒粉　2 克

辅助工具

食物料理机
纱布
棉线

Ingredients

Fresh Salmon Fillet (Skin on)　600g
Beef Tomato　1.5kg
1 Tin of Sweet Corn (150g)
Tomato Chutney (See Page 50)　50g
Baby Spinach Leaves　30g
Baby Potato　30g
Baby Asparagus　20g
Baby Carrot　5g
3 Teabags of Earl Grey

Seasoning

Fresh Ginger　150g
2 Cloves of Garlic
1 Red Chili
Spring Onion　100g
Fresh Thyme　2g
Olive Oil
Sea Salt　2g
Ground Black pepper　2g

Tools

Blender
Fine Cotton Cloth
Cotton Rope

步骤

1. 大番茄洗净，去蒂，切成大块，用食物料理机粗略打碎，倒入纱布中捆扎吊起。置于低温环境中冰滴一晚，布包下方放容器接盛番茄清露。

2. 生姜洗净去皮切块，青葱（绿色部分）洗净，汆烫切段后一同置于食物料理机内，加入海盐、黑胡椒粉、橄榄油，打制成油泥状。

3. 玉米粒沥干水分，与橄榄油一同置入食物料理机打成泥状，加入适量海盐、黑胡椒调味。与步骤 2 做好的生姜青葱泥搅拌均匀，备用。

① 熟成大番茄指摘下之后，在一定温度下自然放置，自然成熟、味道更好的大番茄。

4. 取出步骤 1 的番茄清露倒入锅中，加入切成极薄的生姜片、红辣椒片、葱白、大蒜片，小火低温加热（切记：不可煮沸腾）。

5. 取伯爵茶包浸入番茄清露、来回划荡至香气沁出。加入海盐、黑胡椒调味，备用。

6. 三文鱼清洗切块、划刀，擦干表面水分后撒上海盐、黑胡椒粉。皮朝下煎出粉红色泽（三分熟）。此时加入新鲜百里香同煎，更添香气。

7. 取一平盘，舀 1 匙步骤 3 的玉米泥、1 匙番茄罗勒酱，摆上煎好的三文鱼排。以煮 / 煎熟的小土豆、绿芦笋、迷你胡萝卜装饰，最后淋上步骤 5 的伯爵茶番茄清露即完成。

不凡一点诀
Fan's tips

- 冰滴番茄清露，只靠地心引力，勿使用任何器具加压。一夜之后，成色为近乎透明的浅粉红色即成功。
- 伯爵茶包划荡时间不可过久，香气沁出、颜色一变即捞出，不然苦涩感就全出来了。
- 煎三文鱼时，油热后，带皮的一面先下锅。勿翻面，不断以小汤匙浇淋鱼片，使其勉强煮成三分熟最佳。
- 可以用其他茶替代吗？我会说：不要！如果你任性，就失去了这道菜创作过程的"韧性"精神。当然你可以自行发挥创意，寻找你自己的韧性！

经典舒芙蕾

Classic Soufflé
(Serve for 8 Pax)

华丽，稍纵即逝

舒芙蕾（Soufflé）是一道历史悠久的法国甜品，也译作梳乎厘、蛋奶酥、奶蛋酥……据说是从 19 世纪法国的上流社会吹起的流行风。当时一场正式的晚宴动辄超过 3 个小时，宴会结束前还得端出一道够犀利、够"鬼马"的甜品，才衬得上一整晚的高"逼格"。于是厨子利用剩下的蛋白泡加上简单的奶油卡士达酱，做出这道口感既虚无缥缈又必须立即食用的甜点，大大满足了贵族们的虚荣心，也为晚宴划下了完美句号。

舒芙蕾字面的意思就是"蓬松地胀起来"。一个完美的舒芙蕾在蛋白泡、奶黄酱的结合与温度的淬炼下，必须漂亮地垂直向上膨胀。不是所有的厨子都敢做舒芙蕾，因为稍有闪失，便一败涂地；当然，也不是每个食客都懂得这份甜品的繁复工序与细腻度。它考验厨子，也考验客人。如今舒芙蕾越来越少出现在餐厅的菜单上，那么我会说厨子们多半害怕失败——他们怪天气不好，设备不好，心情不好，最后怪客人不好。不仅是因为麻烦，更是因为它从烤箱出炉到上桌必须稳稳控制在 10 分钟内（当然越快越好），否则美丽的舒芙蕾就会慢慢"泄气"、坍塌，最后跟客人的脸色一样难看。

我常想，Soufflé 根本是一道具有"警世"意味的甜点：上桌之前，它追求工序的极度精准，但做法又如此复杂；好不容易烤出成功上桌，舀一口放进嘴里却瞬间化为无形，质地如此轻盈、虚无，仅留舌面上的一股蛋奶香。像是做了一场天堂般美滋滋的甜梦，醒来后是加倍的

有盐黄油

糖粉

鲜奶

玉米淀粉

君度橙酒

食材

有盐黄油

细／白砂糖

奶油卡士达酱

玉米淀粉　20 克

鲜奶　200 毫升

香草荚　1 根

糖粉　75 克

蛋黄　80 克

君度橙酒　1 汤匙

橙皮屑

蛋白霜

蛋白　200 克

糖粉　75 克

辅助工具

烤箱

烤模杯或铜锅

Ingredients

Salted Butter

Fine Granulated Sugar

Créme Pâtissière

Corn Starch　20g

Milk　200mL

1 Pcs. Vanilla Pad

Icing Sugar　75g

Egg Yolks　80g

Cointreau Liquor　1TBSP

Orange Zest

Soufflé Part-Egg White Mixture

Egg Whites　200g

Icing Sugar　75g

Tools

Baking Oven

Ramekin or Copper Sauce Pan

空虚与寂寞。

但人们就是喜欢追求这种短暂的高潮与欢愉！这一份轻飘绵软的"空气甜品"居然疯魔般席卷亚洲，衍生出令人目不暇接的新品种：Soufflé Pancake（舒芙蕾松饼）、Soufflé Muffin（舒芙蕾马芬）、Soufflé Tart（舒芙蕾塔）……人们心甘情愿顶着日晒冒着雨淋排队等待，为的就是体验那短短几分钟舌尖的新奇。

我在欧洲习艺时，曾登门拜访巴黎两家制作舒芙蕾的驰名专门店 ——Le Soufflé 和 Le Récamier。Le Soufflé 应该是舒芙蕾的鼻祖，遵循传统风味，为保证 100% 的成功率，严格规定厨子专注于专一口味的制作，简直把它当掌上明珠般呵护。而作为食客呢？舒芙蕾一上桌，二话不说拿起勺子，抓紧时间赶在它香味散尽、高高的"礼帽"塌陷前，把它吃个精光！ Le Récamier 则是重新赋予了舒芙蕾新生命，传统、创新、甜咸兼而有之！首席厨师长是一位白发苍苍的老头，一脸宿醉般摇头晃脑地笑着，一边熟练地手作、拌打、烤制、上桌。我有幸亲眼见证那如梦幻一般的膨胀，品尝它的绵密细致、甜与咸的新潮交错……稍纵即逝的快乐，其实谁也错过不起啊！

步骤

1. 预热烤箱至 200~220℃。

2. 准备 8 个宽口容器（直径约 8 厘米、深 4~5 厘米，可进烤箱的白瓷杯或小型铜锅均可），将室温下的黄油均匀地涂抹于容器内，撒上薄薄的白砂糖。杯口朝下，轻轻拍打杯底，使多余的白砂糖抖落。置于一旁备用。

3. 制作奶油卡士达酱：
   （1）将 1/3 鲜奶加入玉米粉搅拌均匀。
   （2）2/3 的鲜奶中加入糖粉与香草籽（将香草荚从中划开，刮出香草籽），搅拌均匀，入锅以小火加热，缓缓搅拌至浓稠后关火。置于室温下约 5 分钟。
   （3）蛋黄拌打均匀，将步骤（2）成品徐徐加入其中搅匀。
   （4）加入步骤 (1) 的鲜奶玉米粉浆仔细搅拌，呈浓稠状后以细筛过滤。
   （5）加入橙酒，搓上些许橙皮屑，拌匀后冷却，放置于冰箱中备用。

4. 制作蛋白霜：将蛋白倒入干净的打蛋盆，拌打至发泡后，缓缓加入糖粉并继续拌打，直至硬性发泡。

5. 准备一只干净的打蛋盆，加入冷却的奶油卡士达酱（1/3 量），慢慢加入 1/3 的蛋白霜，轻柔地将两者拌匀，再加入剩下的蛋白霜，继续拌匀。

6. 将拌匀的蛋奶糊倒入容器中，稍加敲打使表面平整。以拇指沿着杯缘划出一圈凹痕，送入烤箱，隔水加热 6~8 分钟。

7. 烤制期间不断观察舒芙蕾状态，垂直膨胀高度超过杯身约一半，即可出炉。赶紧撒上糖粉，迅速上桌。

不凡一点诀
Fan's tips

- "有生命力"的舒芙蕾必须具备三大要素：外表金黄、中间微生；微微抖动、绵密细致；如果膨高 5 厘米，恭喜你成功，如果到了 7 厘米，请拍手欢呼自己作品的完美！

- 烘焙专用的象牙白瓷器皿（Ramekin）受热均匀，是厨艺界公认的好容器。如果你没有这类器皿，可以使用铝制、白铁、铜锅，或耐高温、可烘烤的瓷器或玻璃盛具来制作。但切记：材质不同，烘烤时间相对也会改变！

- 蛋白霜（步骤 4）是构成舒芙蕾轻盈质地的必备关键，一定要认真按部就班，不可大意。其中"硬性发泡"也称"干性发泡"，此时蛋白霜表面几乎无气泡，判断标准以打蛋器挑起时，尖峰处约会有 1 厘米坚挺不下垂。这时才可停手。

- 制作过程的所有搅拌动作，都务必轻柔，尤其是奶油卡士达酱与蛋白霜混合时（步骤 5），请拿出对待恋人般的爱意和温柔。

- 步骤 6 用大拇指沿着杯口划一圈在奶糊上留下凹痕，可使舒芙蕾膨胀得更直更美观，如成品照片所示，几乎垂直地膨起。

- 步骤 5 剩余的奶油卡士达酱用途极广，可直接夹在烤过的吐司面包里，或作为其他甜品的内馅使用。但最常见的情况是，一边烤着舒芙蕾，一边就忍不住用手指挖了送进嘴里，一口接一口吃得干干净净！没办法，"一帆 Style（风格）"的卡士达就是这么让人难以抗拒！

功夫菜

我常讲，做餐旅业的人，就是一年 365 天凡是日历上标注着红橙黄绿蓝靛紫的色块、跟人"有关系"的事儿，全都跟我们"没关系"。别人开开心心放大假的时候，我们叽叽歪歪地在上班；生日、节日、结婚纪念日、大小连假，甚至过年，都请做好心理与生理准备说 bye bye（再见）！有一年跨年夜，在上海和平饭店，我们一帮厨子跑到顶楼天台上看烟火，看着大外滩满满人潮，大家伙还你一句我一句地吹着牛说："你看咱们酒店，拥有全外滩最佳视野，何必跟底下人挤人……"正当大伙还开心、兴奋地准备好迎接新年倒计时时，就听到后面厨房有人扯着喉咙大喊："出——菜——啦——"

我的菜，就是我的人生旅程

我喜欢全神贯注，坚持把一件事做到最好，我的字典里没有"So So"这个词。

这是身为厨子的宿命与孤独。我们把一生中三分之二的时间奉献给了菜肴和顾客，许多重要的时刻，我们却没有办法陪伴在最亲近的人身边。每天早出晚归，粗工细活干得筋疲力尽，一回到家倒头就睡。家人跟你不熟，情人之间怀疑猜忌，另一半的河东狮吼，朋友觉得你难约……甚至生老病死的遗憾，全都成为你必须面对的事实！最忠心耿耿陪着你的，除了厨房里的伙伴们，就是心里说不出口的孤独寂寞和无法解释的身体疲劳与酸痛。

但是当厨子也是光荣的！我爹当年的预言果然成真了，餐饮业现正处于前所未有的蓬勃发展期，米其林、世界 50 最佳餐厅、蓝带，成为人人口中的热门话题。比起从前，厨子的知名度变高了，福利待遇也跟着好起来了。我很幸运，遇上了这个时代，更荣幸能够跃上国际舞台，让世界看见中国厨子的实力。

回想这 20 多年，难忘的回忆真的很多。很多记者喜欢问我："帮哪些名人名流做过菜？"有，太多了。我都会开玩笑地说："多到我都忘了！我帮英国女王和各国王家、王室成员办过很多次宴会；我去过各种'宫'各种'堡'——白金汉宫、温莎古堡、苏格兰皇宫、迪拜王宫、阿布扎比王宫，为当地王室王储和他们邀约前来的各国元首、政要、朋友做过菜；还曾经在为哈萨克斯坦斯坦总统做早餐的时候，因为餐车上的酸奶不小心掉在地上，被一群保镖拔枪相向！"在那么多国家的高端酒店"蹲"过，见过的名流、红人名单，拉开来当然一大串，只是大多数时候我都淡淡地一句话带过——不认得，看过就忘了！

做的菜有人喜欢、被肯定当然高兴，但吃的人是不是名人，我真的一点都不在乎！我向来就不爱跟人打交道，宁可躲在厨房或宅在家，找灵感、玩玩菜。一个人要实现的是自我的价值，靠的唯有真功夫、好手艺，而不是一味地"蹭"名人关注度来博眼球、拔高自己！

我喜欢全神贯注，坚持把一件事做到最好，我的字典里没有"so so（马马虎虎）"这个词。名气什么的讲白了什么也不是，我从来不放在心上。如果你能每天 8 小时专心做好一件事，坚持个 10 年、20 年，甚至 30 年，成功就是你的。那时候你所得到的名气和赞美才是真的。混个两三年，得到一点掌声就自我感觉良好，觉得自己攀上了人生的巅峰，那是因为你没去过我所修炼过的地狱，也没真正见识过外面的世界。站上高峰不是为了让世界看到你，而是要看到更宽广的世界！

自己有多少斤两、有没有"料"，夜深人静时躺在床上，答案自己最知道。

我有一句名言："长江后浪推前浪，前浪明天就死在沙滩上。"尤其近 10 年，我真正渴望中国餐饮界能出现实力优秀的后辈，来把我们这些"老家伙"干掉！对我来说，我从来不跟人比较，也从来没想过"被取代"的问题。我的对手就是自己，今天有没有比昨天更进步，是我最关心的事。如果厨艺界出现实力更强的后辈，就表示一代比一代强，餐饮业的未来充满希望！每个热爱美食的人都应该为此热烈鼓掌！

2012 年，我的人生又迎来了一个"不可抗拒之意外"——东方卫视的《顶级厨师》节目邀请我担任专业评委。这是我参加的第一个真人秀节目，回想起试镜那天，我还在焦头烂额忙着酒店上上下下的事。到了现场，节目组端出三道菜让我点评，我一贯大白话：这道太咸，那道根本是 Shit！工作人员接着问："如果有 100 万元奖金，你会颁给谁？"我说："谁都不给！全部滚回家吧！"全场顿时鸦雀无声。整个面试过程大概只花了十几分钟，我就挥挥衣袖回家了。当天晚上，酒店公关部就接到电视台制作人的电话，我得到了这张新人门票。

俗话说"隔行如隔山"，在厨房如鱼得水、习惯呼风唤雨的我，涉足演艺圈也只能从头学起。在镜头前讲话要能讲得顺溜，还要在很短的时间做出效果，要有起承转合，学问很大！刚开始，话都讲不顺，每天都当着几百人面前被导播骂："Steven，你说的这些是什么鬼东西，一点逻辑性也没有！"怎么办？"偷师"！看别人怎么讲，然后回家练习、练习、再练习！

节目中的另外两位评委——我敬佩的曹可凡老师和李宗盛大哥，都有丰富的主持电视和演艺经验。在台下，他们不吝给我很多专业的点拨和指导，让我一集比一集进入状态。我的进步，他们看在眼里。他们后来在休息室里开我玩笑："老弟，你就是来抢饭碗的！"

一季结束、新一季开始录制前，我都在沉淀，思考着怎么样带给观众一个"Wow，新的 Steven"。对于综艺节目，观众要看的是爆点，要在短短几秒里留下记忆——冷面、好笑、温馨……如何把握最佳时机，发挥奇效？其实，道理跟做菜很像。我要求自己不能自我重复（就是"套路"），更重要的是，绝对不能有违我的专业。我是个厨子，上了电视仍然是厨子。观众想看的是我的专业表现，想听的是专业的分析和点评。为了上节目而刻意去卖萌耍宝、去"演"一个不像我的人，我做不来，也不想做。我并不是上过电视就成了艺人，从此在摄影棚里讨生活。厨房，才是我安身立命的地方。这一点，从来没有改变。

短时间内，"毒舌""冷酷""难搞"等形容词跟我画上了等号。其实，我只是在做自己。平常在厨房里的我，就是这个样子。华人习惯讲话委婉，只想听好话。但一门专业技艺，是不容许任何让步和妥协的。食物一进嘴巴，好吃难吃、下没下功夫，"一口定生死"，唬不了人！想象一下：如果你开了一家餐厅，客人只要吃过一次觉得不行，你就不会有第二次的机会招揽他们！现实就是这么残酷，受不了批评，趁早回家睡觉做梦吧！

如果你问我：美食真人秀对餐饮业整体水平和厨师地位的提升，能起到多大的作用？我会跟你说：很有限！短短几年内，美食仿佛成为"全民显学"。"网红年代"，好像只要是个人、脸上有一张嘴的，都能说得一口好菜；有手的也都能敲敲键盘和手机，写几篇点评。一些能切一点菜、喷些干冰摆朵花的，就自称起"厨师"，在节目上说着莫名其妙的道理。哗众取宠，简直本末倒置，走火入魔！戈登常说："Make real food（要做真正的食物）。"拜托大家行行好、高抬贵手，老老实实做些能吃的"真食物"；也别造口业，少说、多做，好好地吃或做顿饭吧！

录完《顶级厨师》后，我并没有觉得有很伟大的成就，反而有感而发在微博发了一段话："粉墨登场满地伤，流了眼泪笑了场，荒了青春赔了妆，物是人非，走了荒唐留了离伤！"你看到的一切，哪怕它叫作"真人秀"，其实都只是屏幕上的呈现。如今"秀"完了，我们也都该回到真实世界，各自去过各自的小日子了！

说出来你可能不相信，年轻时候买过的那些名牌——提包、皮带、衣物……到现在我还在用。多年来我好好打理着它们，有它们常伴左右，我感到心安。

衣服也是。除非工作场合需要，否则一件 U 牌白色 T 恤加牛仔裤，就是我的日常。贴身衣服我习惯自己手洗。T 恤内裤经年累月洗下来，几乎薄得像丝袜了，但我还是穿得很高兴。关于这一点，我的事业伙伴 M 小姐始终很有意见。有次跟客户开会，我照样"丝袜白 T 恤"上场。会议结束后，她气呼呼跟我说："你就不能穿件衬衫吗？"

但这就是我，我知道什么是让我最舒服的状态。穿着看上去干净、利落、有精神，就是够了！

有一年我算过，光是坐飞机，我在天上飞的时间累积是 186 天。那是最疯狂冲刺事业的一段日子，世界五大洲马不停蹄，工作满档。一向自恃体力过人的我，看上去神采奕奕没什么异样，一夜之间身上却冒出大片大片的带状疱疹。我才知道：我老了！

忙碌让我的身体出现了警报。再坚强的意志力，如果没有健康的身体做后盾，想要完成的事、梦想过的生活、想要照顾的家人……都可能变成泡影。

我慢慢调整工作与生活的比重。努力工作，也要尽情生活。只要进入工作模式，我一定早早起床准备好，精力旺盛、斗志饱满，再晚收工也 OK。但工作之外的时间，就完全属于我自己。或者宅在家，或者一个人上路去旅行；我不在任何社交软件上打卡，除非自己"冒"出来，否则没有人找得到我。

我享受着现在的状态，也喜欢着现在的自己。在工作中、在旅途上，总会不期遇见各式各样有趣的人。在跟他们聊天互动的过程中，我总会去发现对方的长处，吸收成自己的养分。每一个出现在我生命里的人，不论性别、年龄、资历、职业、体重、肤色、长相和血型，都是我的"老师"。

关于人生，关于生活，我用心体验，虚心学习。我从来没有想过退休，因为料理确确实实是世界上最快乐也最探索不完的事。我想要一直做菜，直到做不动那天为止。

"你的菜，呈现的就是你的人生旅程。"接下来的 10 年、20 年，甚至 30 年，经历过新的刺激与浸润，我和我的料理将会散发出怎样的温度，又会是什么风貌与滋味？

人生的出场顺序真的很重要。如果在太年轻的时候遇见，除了爱，一无所知；换一个时间点出现，就会有不同的结局。认真的人，改变了自己；坚持的人，改变了命运。人生没有"等"出来的辉煌，只有拼出来的精彩。我带着兴奋、期待着这份未知，从容而坚定地迈向未来。

橙香三文鱼

Salmon Gravlax
(Serve for 10 Pax)

Hygge Life①，永远向往

以前物质条件匮乏，人们总会绞尽脑汁想尽办法来为食材保鲜，是为了生存还是生活？我个人觉得：都是！ Gravlax（渍三文鱼）就是很好的例子。这是一种流行于北欧一带的古老做法：当地渔民利用海滩上含盐量高、粗细均匀的海沙，加上简单的香料来进行腌渍、保存鱼等食材，好度过漫长寒冷的冬天。演变至今，虽然不再使用海沙腌渍，却沿用 Gravlax 这一名称来纪念。

有些人以为这是"烟熏三文鱼"的一种，错错错，大错特错！渍三文鱼的做法完全没有用上烟熏。它讲究保存自然的鲜气，直接吃很甘甜，和烟熏三文鱼的滋味完全不同。

2015 年最后一天的深夜，我在迎接新年倒数声中收到了一封电子邮件，主题是"Happy New Year, greeting from Helsinki（新年快乐，来自赫尔辛基的问候）"。过去的这个时间点，总有从世界各地涌来的各种祝福邮件，一部分来自共事过的同事，其他大多数都是莫名其妙的垃圾邮件（我都懒得打开，一般会直接删除）。但在那时，我却点开了这封信，认真地把它给看完了。这是一封从芬兰首都赫尔辛基发来的邮件，发信人是芬兰航空，它希望邀约一次商业合作"空中美食飨宴"——制作航空餐。机会真的到处都是，当你准备好了，自然就来了！ 48 小时之后，我们约好在北京见面。

---

① Hygge Life，一种生活哲学，舒适缓慢的生活方式，一种有质感和轻松愉悦的群体氛围。

对我而言北欧国家是陌生的，除了看过动漫电影《北海小英雄》，最熟悉的应该就是 IKEA（宜家家居）了吧。北欧人对生活品质的追求举世闻名，因为他们亲近自然，身心特别豁达与乐观；即便极夜近乎不见日光且酷寒的冬季，北欧人也能自得自在，打理好自己的屋子，把窝在家的大把时间过得怡然暖和。这样的环境，造就了北欧各国相似又迥异的个性及文化，更有别于身处亚洲的我们。见面当天，我尽地主之谊邀请三位来自芬兰的朋友共进晚餐，选择的是清淡典雅的广式菜色。那晚说了些什么，我已经忘得差不多，唯一有印象的是，我们都在闲聊生活方式、生活状态、生活观念，反而没提到太多关于工作的事。我心想，老外下了班大概都不谈公事，但也纳闷：为什么要飞个十万八千里来约吃饭呢？

我的疑惑在三天后的一封正式回复邮件中得到了解答。信上说：我们都感受到了你对生活的热情，也体会到你将此热情倾尽于你的烹饪中，很高兴有你一起加入芬兰航空！原来，这是一场关于"生活"的面试，而不是技能测试！

四年过去，直到今天，我依旧是芬兰航空大中华区的厨艺大使，也因此去了北欧十几次。看到北欧人的生活，再看看自己，总会忍不住感叹：这哪是"生活"，充其量只是"存活"！北欧人不追赶奢华时髦，只求简约朴实。身处北欧城市，目光所及之处没有过高的华厦与喧嚣，只有安静宜居的屋舍。生活的本身，就是好好经营并专注享受当下。

金钱、物质可以储存，唯独时间不能。你怎么分配和花费时间，决定了你生活的样貌。是花大把时间汲汲营营于名利和权力，还是把每一天活得充实、有质量、有滋味，并且和家人好友共享？很荣幸我和北欧人一样，选择了后者。

不管身在哪里，和谁工作，我总是坚持"慢工才能出细活"。用最简单的调味，最新鲜的食材，从容优雅地"慢煮"，才能让食物散发出最本真、最动人的美味。就像这道橙香三文鱼，技法极简，风味却令人赞叹。这是时间施与的幸福魔法，也是我对北欧 Hygge Life 生活由衷的敬意与向往。

莳萝叶

新鲜带皮三文鱼排

橙子

肉桂棒

食材

新鲜带皮三文鱼排　600 克

橙子　1 颗

青柠　1 颗

黄柠檬　1 颗

调味料

莳萝叶　250 克

丁香　10 克

八角　5 克

肉桂棒　8 克

海盐　250 克

白砂糖　500 克

蜂蜜　20 毫升

法式芥末酱　25 克

辅助工具

装饰用：食用花、樱桃萝卜、小葱

Ingredients:

Fresh Salmon Side (Skin on)　600g

1 Orange

1 Lime

1 Lemon

Seasoning

Dill Leaves　250g

Cloves　10g

Star Anise　5g

Cinnamon Stick　8g

Sea Salt　250g

Fine Granulated Sugar　500g

Honey　20mL

Dijon Mustard　25g

Tools

Edible Flower,Red Radish, Spring Onion

 步骤

1. 三文鱼排洗净，去鳞、留皮。用镊子仔细地将三文鱼刺剔除。

2. 海盐、白砂糖混合，加入新鲜橙子皮、黄柠檬皮、青柠皮、切碎的莳萝叶茎，以及丁香、八角、拍碎的肉桂棒，充分拌匀。

3. 取一个不锈钢大盘，三文鱼皮朝下平整地铺在盘中。将步骤 2 的腌料完全覆盖在三文鱼表面，包裹保鲜膜后，送入冰箱冷藏。

4. 腌制 24 小时后取出，去除表面的所有腌料。

5. 调匀蜂蜜和法式芥末酱，在腌制好的三文鱼表面薄而均匀地涂上一层。

6. 将莳萝叶切碎，仔细均匀地抹在鱼肉表面。

7. 横刀将三文鱼去皮，再竖刀切成薄片。将鱼肉片卷成筒状立于盘中。摆满后，撒上新鲜橙肉瓣，再以食用花、樱桃萝卜薄片、小葱等装饰即完成。

● 最好选用刺少、脂肪肥厚、肉质弹性佳的新鲜三文鱼排制作，以使风味最佳。

● 步骤 2 准备腌料时，顺手挤一下柠檬皮和橙皮中的汁液，滴入海盐中，风味更棒。

● 在腌制过程中，鱼肉会渗出水，使糖、盐溶化成液态半结晶状，这是正常现象。

清酒味噌鳕鱼柳
配温泉蛋

Miso Cod, Onsen Egg
(Serve for 5 Pax)

中年大叔最温柔的伴侣

一个厨子闲下来的时间用来干什么？别人我不知道，我，在当"精神病"!

忙碌完回到家往往是深夜了，我脑子还闲不下来，转啊转着就开始研究起最基本、最简单的身边触手可及的美味。新的灵感常常是在此时被激发出来的。你说我是"工作狂"，休息时间还满脑子工作，生活会不会太无趣？这就是我！这就是我跟食材培养感情与交流的方式，我为之乐此不疲！

"温泉蛋"就是我此刻最常做的食物之一。不管在哪个国家、哪个城市，只要简简单单一只电热水壶，洗干净注入水，按下开关，把水煮开之后稍待片刻，把手指伸进去试——水温几度我一触便知，对那种"烫，却又烫不了手"的触感心里有数，根本不必用温度计，放入鸡蛋，静静等待一分钟。敲开蛋壳，剥出一颗完美的温泉蛋，一口吞下，脑筋一边不停还在转：拿它来配这道菜行不行，搭那道菜效果怎么样……

其实，有时候，你只需要一份像温泉蛋这样简单的食物，安静又温柔地把你包裹起来。我曾经说："每个中年男人心中都有一碗拌面。"（我的是豆腐乳辣椒干拌面）如果再加一颗温泉蛋，人生别无所求。

小菠菜

味噌酱

七味粉

鸡蛋

食材

银鳕鱼排　120 克

鸡蛋　5 颗

白松露花菜泥（见本书第 64 页）　60 克

帕尔玛火腿　80 克

七味粉　5 克

红（黄）樱桃番茄　3 颗

小菠菜　少许

罗勒松子酱（见本书第 34 页）　少许

橄榄油

调味料

味噌酱　200 克

清酒　50 毫升

味啉　100 毫升

细 / 白砂糖　80 克

海盐　20 克

白胡椒粉　10 克

辅助工具

烤箱

烤盘

烤盘纸

厨房用温度计

Ingredients

Cod Fillet　120g

5 Eggs

White Truffle, Cauliflower Purée (See Page 64)　60g

Prosciutto di Parma　80g

Shichimi Togarashi　5g

3 Red/Yellow Cherry Tomatoes

Baby Spinach　a Touch

Pesto (See Page 34)　a Touch

Olive Oil

Seasoning

Miso Paste　200g

Sake　50mL

Mirin　100mL

Granulated Sugar　80g

Sea Salt　20g

Ground White Pepper　10g

Tools

Baking Oven

Baking Tray

Parchment Paper

Digital Probe Thermometer

 步骤

1. 将鳕鱼洗净擦干，切成约 5 厘米见方的块状。取一容器，将味噌酱、清酒、味啉及白砂糖均匀混合，放入鳕鱼块至完全没过它，腌制至少 4 小时（能够超过 24 小时更好）。

2. 取出腌好的鳕鱼，擦去表面多余的味噌酱，放置于烤盘上。烤箱预热至 180℃，放入鳕鱼块烤制 8 分钟，至表面呈现金黄色为止。

3. 制作温泉蛋：中火加热汤锅，以温度计测量，至 60~70℃时放入鸡蛋，关火静置 20~25 分钟后取出，置于冰水中约 10 分钟即可。

4. 制作帕尔玛火腿脆片：烤箱温度定温于 80℃，在烤盘上铺烤盘纸，平铺切成薄片的火腿（勿卷曲或重叠），再铺上一片烤盘纸后以同等尺寸烤盘压叠于上，放入烤箱烘烤约 1.5 小时后即可。保存于干燥处避免软化。

5. 小菠菜以沸水烫熟，捞起备用。

6. 取一浅盘，盘底中央浇上白松露花菜泥（具体做法见第 64 页）。小菠菜卷成 4 个小团，放于酱汁周围，在菠菜卷上面放鳕鱼块。

7. 敲开温泉蛋，摊放在白松露花菜泥上面。樱桃番茄对切，与帕尔玛火腿脆片随性立于盘中，取小匙以罗勒松子酱装饰，撒上七味粉。完成。

不凡一点诀
Fan's tips

- 鳕鱼可用其他深海鱼类替代，如圆鳕鱼、鲅鱼、油鱼（蜡油鱼）等。

- 腌鱼用的味噌，以红味噌为佳，因其发酵时间长，且豆香浓郁。

- 鸡蛋必须新鲜且处于室温，才能入水加热。万不可把鸡蛋从冰箱里拿出来，就立刻丢进水里。把它静置在室温下 30 分钟缓一缓，它会以最好的状态回报你。

- 如果手边没有温度计，也无法像我一样把手指探进水里试温度，可取一只材质较厚的小锅，用 1 升沸水兑 300 毫升冷水，放入鸡蛋，盖上锅盖，焖 22~25 分钟。时间到时先打一颗蛋看看状态是否 OK，毕竟蛋的产地、新鲜度、大小都会影响成品状态。合格的温泉蛋必须蛋白凝固、蛋黄表面鼓起，看上去忍不住有一股戳开它让蛋黄倾泻而出的冲动。如果不合格，就继续盖锅焖几分钟，反复尝试，终会成功。

- 帕尔玛火腿的咸鲜无法用其他食材取代。当我在纠结买不买得到的时候，边上一堆看戏般的"动物"（就是一般人俗称的"工作伙伴"）丢了一句："干吗这么麻烦，买现成的肉纸（薄如纸片的肉干）不就好了！"对的，坚持有时候就是一种纠结，购买现成的"肉纸"也无妨，一样薄、一样嘎嘣脆。只是一般市面上售卖的肉纸口感较甜且口味不一，显现的风味不同。不必纠结，多玩多尝试，只要味道你喜欢，有什么不可以呢？

乌醋脆皮鸡配
上海焖菜饭

6 人份

Crispy Five Spices Marinated Chicken,
Shanghai Style Rice (Serve for 6 Pax)

双城打拼，一盘记忆

迪拜，一个钱滚钱、纸醉金迷的城市，坐落在阿拉伯联合酋长国中的一个邦。在这里，我见证了世界经济奇迹的最高峰，成为薪资福利待遇最高的厨师长；也因为金融风暴成了"落水狗"——意外收到资遣令。过去少年得志，过惯了顺风顺水的日子，这次我算是彻彻底底尝到了从云端跌下的滋味。

但危机就是转机，一个月不到，我竟然又被同一集团返聘，升职、加薪，什么都回来了！这应该是业内最神奇的一件事了吧！所以世界上没有不可能的事，就看你有没有足够的实力。返聘当日我就从迪拜来到上海，成为这个繁华大都会的新居民。是一道平凡得不能再平凡的"菜饭"，抚慰了我躁动的心。

沪上，家家户户、大爷大妈都会做属于自家熟悉味道的菜饭。即便是路旁小店卖的最寻常的上海饭，都会加上煸炒五花肉丁产出的大量猪油，再配上翠绿的小棠菜，然后焖至入味、熟透。自家吃的呢，

冰糖

新鲜嫩鸡

蚝油

金华火腿

新鲜橙皮

食材与调味料

新鲜嫩鸡　1只（约900克）

新鲜生姜　1块（3克）

青葱　1束

上海菜饭

大米　500克

青江菜　200克

金华火腿　100克

猪油　50克

海盐　适量

白胡椒粉　适量

橙香枫糖浆

枫糖浆　300毫升

清水　300毫升

新鲜橙皮　2片

肉桂棒　1根

万用卤水

清水　3升

酱油　250毫升

绍兴黄酒　500毫升

冰糖　200克

新鲜生姜　1块（5克）

大蒜　5瓣

八角　4粒

肉桂棒　2根

大豆蔻　3粒

丁香　2克

花椒　1茶匙

陈皮或新鲜橙皮　2片

月桂叶　2片

乌醋酱汁

鸡心椒　4根

小干葱　30克

大蒜　6瓣

生姜末　10克

香菜碎　10克

青葱末　10克

虾米（研成粉末）　1/2汤匙

蚝油　3茶匙

绍兴黄酒　3汤匙

乌醋（或李派林辣酱油）　150毫升

棕榈糖　2茶匙

Ingredients & Seasoning

1 Fresh Whole Young Chicken（900g）

1 Fresh Ginger (3g)

1 Bunch of Spring Onion

Shanghai Style Bok Choy Rice

Rice　500g

Bok Choy　200g

Chinese Jinhua Preserved Ham　100g

Pork Lard　50g

Sea Salt

Ground White Pepper

Orange Maple Syrup

Maple Syrup　300mL

Water　300mL

2 Pcs. Fresh Orange Peels

1 Cinnamon Stick

Chinese Master Stock

Water　3L

Soy Sauce　250mL

Shaoxing Wine　500mL

Rock Sugar　200g

1 Fresh Ginger (5g)

5 Cloves of Garlic

4 Star Anises

2 Cinnamon Sticks

3 Cardamoms

Cloves　2g

Sichuan Chili Peppercorn RED　1 TSP

2 Pcs. Dried Tangerine Peels or Fresh Orange Peels

2 Pcs. Bay Leaf

Taiwan Worcestershire Sauce Dip

4 Thai Chilies

Shallot　30g

6 Cloves of Garlic

Fresh Ginger (Minced)　10g

Coriander (Chopped)　10g

Spring Onion (Chopped)　10g

Dried Shrimps (Granted)　1/2 TBSP

Oyster Sauce　3 TBSP

Shaoxing Wine　3 TBSP

Taiwan Worcestershire Sauce or Lea & Perrines

Worcestershire Sauce　150mL

Palm Sugar　2 TBSP

就"豪华"点，加些金华火腿肉、腊肉腊肠等，同样要借一把小棠菜的清鲜。一般，我爱在外吃。不是我懒惰，而是下班晚了想四处溜达溜达，透透气。另外，我喜欢以这种接地气的方式融入在人群中遛遛弯。最重要的一点是，朴实的小贩总会加入一味我认为的至尊宝藏——"猪油渣"。炸至金黄酥香的油渣，有着非常踏实、地道的味道。最赞的是它"一口价"，吃不够可以再续，还附赠一碗排骨汤，油滋滋的，吃得非常舒心。

这是我认识上海的开始。吃着菜饭，看着蓝领白领在店里熙熙攘攘……

乌醋是宝岛台湾料理必不可少的灵魂要角，肉羹、面线糊、小笼包……许多小吃都少不了它。乌醋自英国乌斯特醋，味道近似默林辣酱油。上海的老字号"泰康黄"牌辣酱油也留下了同门的血脉滋味。乌醋温醇柔和，是其他醋类同伴无法取代的。

凡走过必留下痕迹。我在台北长大，却落地上海，在这里工作、生活。这两座城市对我而言，是生命里最深刻也影响我最深的印记。双城回忆，双城滋味，这道菜献给在不同城市出生、工作、双城打拼奋斗的人！

 步骤

1. 制作橙香枫糖浆：将所有枫糖浆材料置于锅中，大火烧开后转小火，熬煮至锅中汤汁仅剩一半即可。

2. 制作万用卤水：将所有卤水材料放入汤锅中，大火烧开后，文火焖煮约 15 分钟，熄火放凉，滤出香料即可。

3. 制作乌醋酱汁：将所有乌醋材料倒入调味盆中混合均匀，放置约 10~15 分钟。

4. 制作上海菜饭：
   （1）大米洗净，泡水约 1 小时。金华火腿氽烫去咸后切小丁。小青菜切小丁。
   （2）锅中加入猪油，将肉丁慢慢煸香，盛起备用；再爆香姜末，加入青菜丁略炒后盛起备用。
   （3）大米沥干后加入清水煮熟成饭。
   （4）掀开锅盖，加入肉丁、青菜丁，与米饭拌匀后关火，焖 20 分钟，以海盐、白胡椒粉调味，完成。

5. 制作脆皮鸡

（1）一手提起鸡脖（鸡尾朝下），一手舀起滚热的橙香枫糖浆，将鸡身内外反复浇淋 5~8 次，鸡皮紧缩即可。将青葱、生姜塞进鸡的肚子内。

（2）取 2 升万用卤汁煮开，将整只鸡浸入其中，小火焖煮约 45 分钟后取出，放于室温下冷却。鸡皮须保持完整不破，品相才好。

（3）将整只卤制好的鸡放入冰箱，一夜后取出。

（4）起一油锅，加热至 180℃，将鸡切成适当大小，表皮擦干后下锅油炸至金黄酥脆。

6. 鸡肉切块盛盘，将乌醋酱汁淋于鸡肉上，搭配菜饭食用。

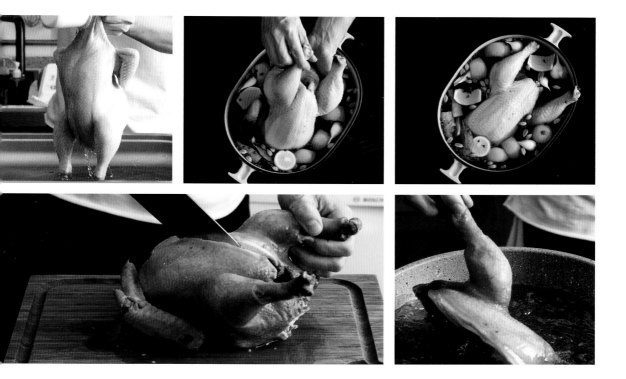

不凡一点诀 *Fat's tips*

- 陈皮是晒干的橘（橙）皮，中餐经常用来作为香料使用。但用新鲜橙皮甚至果肉也未尝不可。我更喜欢后者清新的果香和熬煮过后的醇厚口感。
- 卤汁煮过鸡后，过滤冷藏起来，就是人称的"老卤"。鸡、鸭、猪、牛肉和豆制品无所不能卤，只要好好保存，就能越卤越有味、越卤越香。务必注意：豆制品必须舀出卤汁另锅卤制（卤汁弃用，不要倒回老卤内），香料和调味料也要适时添加。
- 炸脆皮鸡时，务必将鸡皮上的水分完全擦干，以免热油爆出毁容。选择小一点的容器，用油量较少，也能让鸡完全浸没于油中均匀炸透，呈现诱人的酥脆感。炸或不炸，依个人喜好而定。
- 乌醋酱汁非常适合搭配清淡的家禽与海鲜料理。家禽或海鲜只需清烫、清蒸或焯熟后蘸酱吃，那也是妙不可言的。

老刘牛肉面

Liu's Home-made Beef Noodles
(Serve for 10 Pax)

大战后的一碗小抚慰

在餐饮服务业，没有所谓的红字（假日），更没有所谓的悠闲（休息）。一年 365 天，一周 7 天，每天 24 小时，你都可以看到厨子们忙进忙出，用听得懂的、听不懂的粗口隔空吼叫，锅碗瓢盆碰撞出各种声响。长时间忍受感官、肉体加精神的高压折磨，只是为了能端出一盘上得了台面、不给自己丢脸的好菜！

当工作结束、"警报"解除时，那一刻的宁静，就像进入外太空，仿佛世界只剩自己的呼吸声。脱去制服后留下的是满身的疲惫，而挥之不去的是泪水、汗水、血水、油臭、腐味等交织而成的味道。拖着丧尸般的躯壳，灵魂仿佛出窍，摸着黑小跑，赶着最后一班地铁回家。

别看厨师在厨房里像将军般呼风唤雨，其实，他们回到家里最渴望吃到的，就只是一碗有"温度"的、普普通通的食物。

我在一个大家庭中长大，奶奶很会做菜，也手把手地教会了我母亲。在她拿手的林林总总的好菜中，我印象最深刻的就是牛肉面。她的秘方是"酒酿"，在浓重的汤里，铺垫了一层柔和的甜。

熟成
大番茄

面条

牛肋条

甜酒酿

小干葱

食材

牛肋条（油花、肥瘦分布均匀）　2 公斤
牛腱肉（肉中有筋，筋中带肉）　1 公斤
白洋葱　2 颗（400 克）
熟成大番茄　4 颗（200 克）
面条
青江菜

调味料

青葱　50 克
新鲜生姜　1 块（10 克）
大蒜　6 瓣
小干葱　100 克
红辣椒　1 根
花椒　10 克
麻椒　10 克
香料卤包　1 包
葵花油
李锦记辣豆瓣酱　250 克
李锦记海鲜酱　200 克
甜酒酿　200 克
高粱酒　100 毫升
酱油　150 毫升
冰糖　50 克
海盐　20 克
白胡椒粉　10 克

Ingredients

Boneless Short Rib of Beef　2kg
Beef Shank　1kg
2 White Onions (400g)
4 Beef Tomatoes (200g)
Noodles
Bok Choy

Seasoning

Spring Onion　50g
1 Fresh Ginger (10g)
6 Cloves of Garlic
Shallot　100g
1 Red Chili
Sichuan Chili Peppercorn (red)　10g
Sichuan Chili Peppercorn (green)　10g
1 Master Spices Bag
Sunflower Oil
LKK Hot Chili Bean Sauce　250g
LKK Hoisin Sauce　200g
Fermented Rice Wine　200g
Kaoliang Liquor　100mL
Soy Sauce　150mL
Rock Sugar　50g
Sea Salt　20g
Ground White Pepper　10g

想起母亲曾经为我做的菜，即便只是一碗家常的面条，即便夜深人静回到家时它已经凉了，我还是能吃得到它特有的"温度"。

那是家人无条件的爱与付出，那是日复一日的养育与陪伴孕育而成的独一无二的温度，是任何餐厅的任何厨师都无法复制出的滋味。

我相信，在你心中也有一道是你能用心做出来的好菜。今天，换个心情吧，用你的双手做出一碗有温度的面给所有爱你的和你爱的人，并向他们道一声："感恩。"

步骤

1. 牛腱肉除去表面筋膜，与牛肋条一齐洗净，滚水汆烫。牛肋条切成约 8 厘米长备用。

2. 白洋葱对切为 4 块，大番茄切块，拍散青葱、大蒜、小干葱、新鲜生姜。

3. 起一平底干锅，将花椒、麻椒小火干炒至香味蹿出，备用。

步骤

1. 烤箱预热至 180~200℃。烤模杯内壁上涂一层黄油，撒上砂糖。

2. 将 A 部分切成块状放入容器中，以中小火隔水加热，完全溶解并混合均匀。

3. 香草荚从中切开，刮出香草籽。将 B 部分依"蛋黄、全蛋、细 / 白砂糖"顺序打散，倒入面粉，搅拌成糊状。

4. 将 A 部分缓缓倒入 B 部分，慢慢搅拌至均匀融合，置于室温下 15 分钟。

5. 将面糊注入烤模杯中，放入烤箱内，以 180~200℃烤 7~9
   分钟。

6. 将蛋糕脱模放于盘上，搭配喜欢的莓类或其他新鲜水果、冰
   激凌等，撒上糖粉即可。

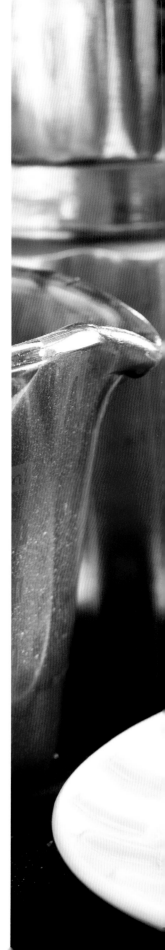

不凡一点诀
Fab's tips

- 按我的食谱，标准烤杯可做成 6 份，你想大杯或小杯都可以，随便你！但太大会做成布朗尼，太小则变成杯子蛋糕（Cup Cake）。怎么拿捏？自己练习，多做几遍。

- 要成功烤出爆浆并不难，但每台家用烤箱都有它自己的"脾气"，烤制的温度和时间不尽相同，练习几次就能得出你的黄金做法。成功就是熔岩，不成功改吃布朗尼也不错。

- 我在这里用了新鲜柳橙来搭配。柑橘类水果可以为浓重的巧克力带来一股清新酸甜，让人精神清气爽（然后吃下更多）。新鲜莓果如蔓越莓、蓝莓、草莓或桑葚，也都很适合。

- 冰激凌也许让你又爱又恨，但入口时冷热交融的口感会让人心情大好。有些人会用酸奶、鲜奶油来替代，但我告诉你——就得是冰激凌！

番外篇

芬达汽水红烧肉

Fanta Braised Pork Belly
(Serve for 6 Pax)

五花肉

除了可乐，别忘了芬达
——香得你"不要不要的"

红烧肉绝对是中国人最熟悉也最无法抗拒的一道菜。而且，有多少户人家，就可能有多少种不同味道、不同做法的红烧肉。家家户户都有代代相传的标准烧法，但人们总还是觉得自家的味道最好！

我是在一个大家庭长大的孩子，逢年过节，餐桌上总有一锅奶奶精心炖好的肉。吃着肉，听着奶奶说着过往艰苦的岁月，想象着从那个年代走过来的每个人的故事、心事——都不容易啊！现在回想起来，和美食有关的记忆总能迅速串起不同时空的情感，直接触动人们的心底。

绍兴（花雕）酒

其实，愿意花时间炖一锅肉的人，心里都有一份满满的、想和重要的人分享的爱。只是他们往往不善言辞，没有说出来。如果你是那个有幸能够吃到的人，最好的反馈就是大口米饭（面条）就着一块块红润油亮的肉，吃个碗底朝天。

一份好吃的炖肉，汤汁丰盈，肉弹牙爽口。江南一带喜欢浓油赤酱，北方更喜欢的是辛辣咸鲜。将白煮蛋与红烧肉炖在一起，是中国主妇的大

白煮蛋

芬达汽水

老抽

食材

五花肉　500 克
新鲜橙皮　2 片
白煮蛋　6 颗

调味料

新鲜生姜　10 克
大蒜　3 瓣
八角　2 颗
肉桂棒　1 根
月桂叶　1 片
青葱　20 克
酱油　100 毫升
老抽　10 毫升
黑醋　1 汤匙
绍兴（花雕）酒　50 毫升
芬达汽水　330 毫升
葵花油
海盐
白胡椒粉

Ingredients

Pork Belly　500g
2 Fresh Orange Peels
6 Hard Boiled Eggs

Seasoning

Fresh Ginger　10g
3 Cloves of Garlic
2 Star Anise
1 Cinnamon Stick
1 Bay Leaf
Spring Onion　20g
Soy Sauce　100mL
Dark Soy Sauce　10mL
Black Vinegar　1TBSP
Shaoxing (Huadiao) Wine　50mL
Fanta　330mL
Sunflower Oil
Sea Salt
Ground White Pepper

智慧。蛋从里到外彻底吸收了肉香与卤汁香，受欢迎的程度完全不输给主角红烧肉。

我的红烧肉，特色是瘦肉吸饱了肥肉的油脂，不柴不涩，猪皮也释放出满满的胶质，一筷一块、不散不断，不掉桌、好入口。芬达汽水的橙子味，再加入新鲜橙皮来做红烧肉，比常见的可乐版本多一分爽口。满满一锅丰富满溢的喷香，别忘了多煮些米饭让闻香而来的人吃个痛快！

 步骤

1. 五花肉洗净，擦干，切成约 5 厘米见方的块状。

2. 锅中加入薄薄一层葵花油，用中火将五花肉煎至四面金黄。

3. 略拍碎生姜、大蒜、青葱，入锅煸香后，淋入绍兴（花雕）酒、生抽、老抽，不断翻炒，使肉滚动上色。

4. 依次加入清水、白煮蛋、八角、肉桂棒、月桂叶、新鲜橙皮与芬达汽水，大火煮开后转小火，
盖锅慢炖40分钟。

5. 关火，淋入黑醋，加入海盐、白胡椒粉调味。完成。

不凡一点诀
Fan's tips

● 我的食谱用了新鲜橙皮，你该不会想问我"剩下的橙肉怎么办"吧？炖肉的 40 分钟，足够你把它吃掉打发时间。挤出橙子汁加进去同炖？当然可以！芬达汽水的碳酸成分可以软化肉质，但你如果就是不想用芬达汽水，用新鲜橙汁加冰糖代替，一样能炖出好风味。料理是灵活的，能够举一反三才是自己做菜的乐趣所在！

● 五花肉肥瘦各人各有偏好，如果你买到油脂较肥厚的，可以热锅后直接煸炒，无须事前加油。但请务必注意：肉皮内含有水分，翻炒时与热油接触会产生油爆，喷溅得四处都是。围裙和锅盖能起到保护皮肤和衣物的作用，但是千万不要因为味道太香，就把脸凑近炒锅一闻再闻，以免乐极生悲。惨剧会发生！

● 起锅前加些黑醋，能稍减油腻，再添一抹独有的醋香与焦糖香。香醋、陈醋都可以，家里有什么醋就加什么，不必纠结甚至特地出门采买。

● 炖煮肉类料理，肉量越大、炖出来的味道越香浓，不妨一次多做些，分包冷冻起来慢慢吃。

厨子老刘爱吃啥？

——你问我答

很多人喜欢问我："你们做菜的人，平常都吃啥？嘴会不会特别挑？"我就在这里一次回答，满足一下大家的好奇心吧！

Q（问）：最近都在吃什么？

A（答）：最近我在钻研"牛肉面"跟"辣椒酱"，所以一直吃个不停。前几年空档时煮过一次，"好吃"是朋友们一致的反馈，但我不满足。过了几年，我决定重新"编曲"，试验各种排列组合，研究不同部位的牛肉熬煮出来的肉质，搭配上果蔬、香料及各地出产不同的辣椒，非常有趣。牛肉经过文火慢煮，肉质非常细嫩，汤汁浓郁。我总是前一晚就煮好，完成以后静置，第二天再回锅温热（味道会更好）。辣椒酱也一样，炒制、熬煮、沉淀后再加入上好的蜂蜜、芝麻油静置一晚，第二天的风味绝美曼妙。那种刺激味蕾的跳跃感，只浇一点在米饭上，也能让你吃得倍儿香。

Q：不工作的日子，你会在什么地方吃早餐？

A：我喜欢一大早就起身，骑自行车各处晃悠，探访新鲜事物，逛逛市集，买买菜。然后做一点简单的早餐，也许是几片生火腿，加上半干不干的番茄，淋上一点芝麻油。有时，再来片芝士乱入，搭配一杯黑咖啡就是我的珍馐美食。简单就是最美好的生活。

Q：你吃不吃早午餐？

A：我通常很早起床，所以我会选择好好吃一顿早餐，为一整日带来活力，并且晚一点再吃午餐。我的早餐分两种：中式——我爱烙上一张鸡蛋煎饼，抹点油泼辣子，抹点豆腐乳，撒点葱花；西式则简单到极致，一份火腿蛋三明治或苏打饼干夹芝士，搭配一杯黑咖啡。

Q：凌晨两点，你最爱的美食和地点？

A：这个时间点，我可能在家，也可能正在工作中。在家，多半是泡在厨房，那儿有张高脚椅，高度正好能让我半倚着墙，伸伸腿。我还会写写菜单，刷刷微博。我喜欢窝在自己的家里，那是一种安全和熟悉的感觉。饿了就下厨做一些简单的美味，也许是手工面包、橄榄油加芝士；也许是一碗中年男子的腐乳辣椒干拌面。五分饱，轻音乐，我的美食灵感常常在那时被激荡出来。如果是在工作中，那当然就用工作餐解决。我喜欢工作餐胜过艺人订制餐。一来可以跟着大伙儿一同吃，热闹！二来省钱省事，就这么简单！

Q：你最爱的咖啡店，以及通常你会点什么？
A：我特别喜欢有露台或是位于街口的咖啡厅，空间不大，只摆个三两桌，但是有开放的感觉。喝什么（口到）其实是次要的，我更喜欢看着人来人往的交谈、走动（眼到），还有放空和思考（心到）。我特别爱吃炒鸡蛋，这么朴实的食材如果能炒得好，这家店就没太大问题。一杯咖啡，一份简餐，我就能坐一整天。

Q：你最爱的零食是什么？
A：甜食，特别是蛋糕。奶油瑞士卷，我的挚爱！偶尔吃点甜品，美好的罪恶感总能够舒缓我在开心与不开心之间的天人交战。

Q：让你感到既罪恶又愉悦的美食是什么？
A：各大品牌的快餐！很多人说它是垃圾食物，在我眼里却是极致美味。简单、不复杂、刚刚好果腹，满足、舒服——这就是生活呀！

Q：吃到怎样的东西会发脾气？会把厨师叫出来骂吗？
A：当然是难吃又没逻辑的食物！会不会骂人？常常吧！我常说小孩才是真正的美食家，喜欢的就入口，不喜欢的就吐掉，绝对不会勉强自己吞下去，非常真实。一旦我们长大了，就慢慢不真实了。

Q：什么样的餐厅特别吸引你？
A：我最喜欢利用工作和休息之余探访各地的餐厅，一来多了解地方文化，二来寻找刺激我创造美食的灵感。我常常让自己沉浸在环境中去感受美味。吸引我的餐厅，无须过度装潢或用多昂贵的食材，那些我看过的比你还多！我反而更喜欢有"人味"的、朴实的店，简单不复杂的纯真，才是我寻觅的真谛。

Q：遇到喜欢的店、你会一去再去吗？什么样的店会吸引你一再上门？

A：简单、味美，就是我常出没的地方——周遭1千米内，可能只有那么一家。我如同小狗撒尿般，永远都在同一个位置留下记号。

Q：你跟这些店的互动是怎么样的？你会因为是"刘老师"而有特殊待遇吗？

A：我爱去、常去的餐厅，从老板到店员甚至跟我有同样爱好的朋友们都会认识我，会如同家人、老友般互相关心和问候。在现在人情味淡薄的社会中，我们最好的朋友都变成手机、通信软件，人与人之间的互动已经从问候变成点赞。我还是怀念没有手机的年代，毕竟那时围坐在饭桌上的感情，才有最真实的味道。

Q：中国各地的小吃，你喜欢哪些？给我们举几个例子。

A：太多，说不完！下一题！

Q：有不敢或不喜欢吃的东西吗？

A：有！你自己都觉得不好吃的，拜托千万别拿来给我吃。我什么都吃，就是不吃亏！

Q：你家的冰箱里一定会有哪些东西？

A：鸡蛋、高汤、面条、剩饭。回到家的时间再晚，我都会为自己煮一碗面，或简单地做一顿饭，代表我把温暖带回家——我回来了。

Q：听说你有把工作现场没吃的盒饭全部带回家的习惯？

A：在片场，动辄二三百人吃饭，盒饭是最快速且方便的"喂食"。虽然有时会特意准备"艺人餐""老师餐""贵宾餐"之类的，但我就是特别喜爱工作餐，尤其是盒饭！一来，可以省下不需要花费的餐食；二来跟着一帮工作人员吃着饭盒，吹牛聊天，更有滋味！没吃完的带回家，当然就是为了不浪费喽，一粥一饭，当思来之不易！

Q：你常常长时间飞行，在飞机上有特殊的饮食习惯吗？

A：照吃照喝，唯一的不同就是喝很多很多的水。我尤其爱吃"飞机上的食物"。各家航空公司的飞机餐，都有自己的特色跟标准，非常有意思。这也帮助我在设计与行业相关的餐食中得到更多知识与帮助。职业病，很难医！

Q：为什么从事餐饮业的你，身材仍能维持始终如一？有特别的保养方法或者运动习惯吗？

A：其实没有什么特别，如果有的话，应该是我习惯走路，用双脚丈量世界。一边走走看看，一边吃吃喝喝或者骑共享单车，节能又环保。如果有短暂的休息，我习惯找个有水的地方（海边），晒晒太阳、发个呆，赖上一天，玩些水上运动——风帆船、冲浪、潜水等。身心都得到释放，自然就不会胖。

后记

终于"生"出了这本书！我一直都觉得写书需要极大的勇气与极强的逻辑，前者要求具有说服力，后者就得拥有吸引力。自从 2012 年东方卫视播出《顶级厨师》后，就有不少出版社主动接触洽谈"出书"。我总觉得出书是大事，怎能轻易答应？也许时间不对，也许我没准备好，反正来来回回就没了下文。直到今年（2019 年），在与一群来自不同背景的小伙伴你来我往的密集交谈和见面后，我确定要出书了。或许是机缘到了，也准备好了，自然就水到渠成了！

我必须很认真地告诉你：这是一本"认真"的书，由一群认真的朋友、伙伴一起认真产出的。在这大半年中，每一位工作人员付出心血，嬉闹、怒骂、泪水、冲突、感动，感谢之余我就不一一点名了。这是属于大家的作品，而我只是参与其中的一人，放在台面上让你们认识，仅此而已。

除了我的"菜"，我还想通过这本书、书里关于我的故事，传递一些有关人生、有关生活态度的感悟给你。或许是到了一定的年纪，看过的人、经历的事多了，特别是对年轻一辈的朋友，有些心里话想分享。就写在这里吧！

没有人的人生是一帆风顺的，即便我的名字是"一帆"，我也很早就认清：世上没有任何事是不需要付出艰辛就能收获的！我从不幻想自己这一辈子能够顺风顺水，随随便便就混过关。唯有脚踏实地，勇敢地面对挑战和失败，才能把"一帆"活成"不凡"！

你的责任心造就你的方向，你的经历成就你的资本，你的个性决定你的命运。能把复杂的事情做得简单，你就是专家；把简单的事情重复做，你就是行家；把重复的事情用心做，你将会是赢家。对于不想做的事情，你永远能找到借口为自己开脱。相反，若想把事情做好，你一定能找出方法。美好是属于自信者的，机会是属于开拓者的，奇迹是属于执行者的。

相信自己的心声和想法，用 100% 的诚实去面对你的弱点。跨出舒适圈，去做一些让你害怕、让你辛苦但长期坚持下来会得到收获的事。要懂得承认失败，甘愿失败，品尝失败，知道自己在哪里摔了跤，然后重新站起来，然后再失败、再重来。"开心"从来就不是人生的常态，磨难和挫败才是。如果没有经历过这些挣扎与失败，那你的成功又算什么呢？别让你的害怕失败、害怕被评论和被比较，去阻止自己成为更好的人。不经历失败的风险，就不会有成功；不愿承受被批评的风险，失去的是自己的立场；不懂得失去的风险，就学不会珍惜与爱。在人生的道路上，没有人能逃避这些风险。

也唯有经历过这些，你才能找到出路。你无须无所畏惧，但一定不能让恐惧打败你。保持这样的态度活下去，我可以保证：多年之后当你回头看时，你会觉得一切都值了。

After all, my lesson is that I don't give it a shit!（在这一切过后，我所学到的是：管它呢！）这是我的人生，我说了算！不一定要做让自己开心的事，而要去做能让自己"变得更好"的事！你也不需要一个很厉害的开始，但请你开始变得很厉害！

料理就是这么神奇的一件事儿！让更多的人回到厨房、回到餐桌，重拾和所爱的人一起吃饭和分享的好时光。这是我写这本书最大的心愿。书里每一道菜都是我自信的招牌菜式。我希望你们不要只是翻一翻照片、流一流口水就摆回书架上！把书带进厨房里，选一道你最感兴趣的菜，开始动手做它！不管生活如何忙碌，心里搁了多少烦恼的事，当你进到厨房，触摸着食材的质感，看着它们因为你的双手而不断出现神奇的变化，闻着锅里飘出的香气，随着烹饪时间出现诱人的色泽……你会自然而然忘记所有烦人的破事儿，一心一意呵护这道菜，完成这道菜。

我的故事，也是你的见识，请把"我的菜"变成"你的菜"！

刘一帆（Steven, Yi Fan Liu）
2019 年春笔

工作人员名单：

郎枫丽、彭天池、沈淑君、翁喆裕、邱钰伦、李婵玥、刘维、周秉诠、谢衫阳、
施盈吟、崔欣、胖D、曹萌瑶、艾藤、李晓彤、尹秋羡、刘赵军、崔琦、陈和蕾、
许诺、项政田

你不需要
一个很厉害的开始，
但请你开始变得
很厉害！
——刘一帆

欢迎扫描二维码来
微博找我切磋厨艺

图书在版编目（CIP）数据

刘一帆：我的菜 / 刘一帆著 . -- 北京：中信出版
社，2019.11（2021.3 重印）
ISBN 978-7-5217-0934-6

Ⅰ . ①刘… Ⅱ . ①刘… Ⅲ . ①菜谱 Ⅳ .
① TS972.12

中国版本图书馆 CIP 数据核字（2019）第 179533 号

刘一帆：我的菜

著　　者：刘一帆
出版发行：中信出版集团股份有限公司
　　　　　（北京市朝阳区惠新东街甲 4 号富盛大厦 2 座　邮编　100029）
承 印 者：北京雅昌艺术印刷有限公司

开　　本：787mm×1092mm　1/16　　　印　张：17　　　字　数：141 千字
版　　次：2019 年 11 月第 1 版　　　　印　次：2021 年 3 月第 3 次印刷
广告经营许可证：京朝工商广字第 8087 号
书　　号：ISBN 978-7-5217-0934-6
定　　价：98.00 元

版权所有·侵权必究
如有印刷、装订问题，本公司负责调换。
服务热线：400-600-8099
投稿邮箱：author@citicpub.com